안 먹는 아이도 바쁜 엄마도 반한

엘리네 미국 유아식

국 반찬 차리지 않아도 아이가 잘 먹는 아이주도 레시피

안 먹는 아이도 바쁜 엄마도 반한

엘리네 미국 유아식

스마일 엘리 지음

세종

"부엌에서 눈물을 쏟아본
엄마들에게"

"몇 끼 굶겨봐! 배고프면 다 먹게 되어 있어."

"줘도 안 먹으면 그릇을 치워버려!"

"밥 외에 다른 것은 절대 주지 마. 간식을 끊으면 결국 먹게 된다니까."

이런 말을 들을 때마다 "다 해봤다니까요! 그런데도 우리 아이는 안 먹어요!"라고 울부짖고 싶은 심정이었습니다. 저는 너무나 안 먹는 아이를 키우는 엄마였거든요.

첫째아이 케이든은 처음부터 안 먹는 아이는 아니었어요. 혼합 수유를 하고 6개월이 되면서 쌀 미음부터 먹으며 한식으로 죽 종류의 이유식을 시작했습니다. 다양한 식재료를 잘게 다지고, 불 앞에서 한참을 서서 저어가며 이유식을 만드는 일이 고되었지만 신나고 뿌듯했어요. 그렇게 순조롭게 이유식 과정을 거쳐 유아식 단계에 들어섰습니다.

그러다 18개월쯤 아이가 안 먹기 시작했어요. 침착하게 견디지 못하고 조바심이 났어요. 엄마인 제가 먼저 스트레스를 받았습니다. 한식 식재료를 구하기 힘든 미국의 소도시에 살면서 마트를 여러 군데 돌아다니며 식재료를 구해 기껏 유아식을 만들어줬는데, 아이는 맛을 보기도 전에 고개를 돌려버리고 겨우 어르고 달래서 한입 떠먹이고 나면 그 이후로는 절대 안 먹겠다고 도리질을 해대니 너무 속상했죠.

걱정되는 마음에 한입이라도 더 먹이려고 숟가락을 들고 따라다니면서 먹이기도 하고, 육아

선배들의 조언과 인터넷에 고민 상담을 해서 얻은 조언에 따라 굶겨도 보고, 간식은 아예 안 줬지만 어떤 방법도 저희 아이에게는 안 통하더군요. 심지어 음식 거부는 날이 갈수록 심해져서 예전에는 잘 먹던 카레라이스, 볶음밥마저 거부하고 몇 개월 전까지만 해도 1~2개씩 먹고도 더 달라며 떼를 쓰던 귤까지 거부하더군요. '내 음식이 맛이 없는 건가?', '내가 뭘 잘못하고 있는 건가?' 하는 자책에 너무 괴로웠어요.

음식 거부 이후로 첫째아이가 먹는 음식은 고작 미역국밥, 우동면, 김, 김자반, 우유, 사과, 바나나, 빵, 극소량의 소고기와 닭가슴살이었습니다. 처음 보는 식재료는 당연히 거부했고 억지로 먹게 하면 구역질을 하며 토해내고, 한입만 먹어보자고 사정해서 맛보게 하면 혀 끝만 살짝 대어보고는 고개를 돌려버렸어요. 원래 먹던 음식에 새로운 식재료를 잘게 다져넣으면 귀신같이 알아차리고 뱉어내니 끝이 보이지 않는 터널에 갇힌 느낌이었죠. 그때 저는 3가지 걱정에 사로잡혀 있었습니다. 첫째로는 아이의 건강이 염려되었고, 둘째로는 저의 정성과 노력이 내동댕이쳐지는 것에 화가 났으며, 셋째로는 해결 방법을 모르니 답답했습니다.

결국 전문가의 조언을 얻고자 미국 현지의 소아과를 찾아갔어요. 저의 고민을 들은 의사는 "우유 섭취량을 줄이고 탄수화물류는 잘 먹고 있으니, 피넛버터를 매일 한 숟가락씩 듬뿍 먹여 단백질을 보충해주세요"라고 했습니다. 그리고 아이가 먹겠다고 하면 무엇이든 그냥 먹이고, 새로운 채소를 안 먹으면 억지로 먹이지 말고 기존에 먹는 채소만이라도 계속 먹이라고 했죠. 밥

과 반찬을 먹어야 하는 아이에게 간식조차도 안 될 피넛버터를 먹이라니, 당시 저는 의사의 조언이 문화 차이로만 느껴졌고 충격만 받은 채 돌아왔습니다.

이후로도 계속 안 먹는 첫째아이 케이든과 씨름하며 지내기를 몇 개월, 둘째아이 제이미도 이유식 단계가 끝나 슬슬 유아식을 시작할 무렵이었어요. 이젠 두 아이의 식습관이 달린 문제라 다시 소아과를 찾아갔습니다. 아이의 식생활 개선을 위해 노력한 엄마라는 점을 강조하려고 다양한 식재료와 조리법으로 수많은 시도를 했지만 효과가 없었다는 이야기를 쏟아놓았지요. 그러자 의사는 3가지 조언을 해주었습니다.

"아이가 안 먹는 음식을 주지 말고, 잘 먹는 음식을 배부르게 먹이세요."
"먹는 양은 엄마가 정하는 게 아니라 아이가 정하는 거예요. 엄마의 기준으로 양을 정해놓고, 그만큼 못 먹었다고 해서 아이가 안 먹었다고 하면 안 돼요. 아이의 기준에서는 다 먹었기 때문에 안 먹는 거예요."
"아이가 채소를 안 먹으면 과일로 필요한 비타민과 영양소를 섭취하면 됩니다."

불현듯 해답을 찾았습니다. 안 먹겠다고 하는 식재료들을 이름만 다른 요리로 만들어 계속 아이 앞에 내놓고는 안 먹는다며 속상해하고 스트레스받던 제 모습을 깨닫게 되었거든요. 그리

고 꼭 한식이 아니더라도 미국식 식단으로 필수 영양소를 골고루 섭취하면 아이의 성장에 문제가 없겠다는 말에 한식을 고집하던 생각을 전환하는 계기가 되었습니다. 한식에서 벗어나 미국식까지 식단의 범위를 넓히면 아이가 좋아하는 식재료로 더 다양한 요리들을 시도해볼 수 있으니 말이에요. 드디어 깜깜한 터널의 출구를 찾은 것 같았어요.

신이 나서 남편에게 의사의 조언을 이야기했어요. 이야기를 듣고 남편이 그동안 제가 아이의 의사를 존중하지 않고 따라다니면서 먹이거나 억지로 먹이려고 했던 행동이 아이의 음식 거부 원인 중 하나일 수 있다며, '아이주도식Baby Lead Weaning'으로 유아식을 처음부터 다시 시도해보자고 했습니다.

그렇게 해서 숟가락으로 엄마가 떠먹여주는 것이 아닌 아이가 스스로 먹고 싶은 음식을 선택하도록 하고 밥이나 국, 반찬을 차리는 한식에 연연하지 않고 핑거푸드 위주의 미국식으로 유아식을 차렸습니다. 아이가 좋아하는 음식, 잘 먹는 음식부터 차근차근 먹였어요. 오늘 하루 아이가 무엇을 먹었느냐보다 어떤 영양소를 섭취했느냐에 더 중점을 두었습니다. 아이가 남긴 음식에 집착하기보다 잘 먹어준 음식이 있으면 칭찬해주고, 제가 먹이고 싶은 양을 강요하기보다 아이가 먹은 양을 존중했습니다.

그러자 분명한 변화가 생겼어요. 처음부터 미국 유아식을 시작했던 둘째아이 제이미는 가리는 것 없이 잘 먹고, 새로운 음식을 시도하는 데 두려워하지 않으며 무조건 입에 넣고 맛보는

아이가 되었어요. 그렇게나 안 먹던 첫째아이 케이든도 조금씩 먹는 양이 늘었어요. 케이든이 먹을 수 있는 음식의 종류도 점점 늘기 시작했습니다.

미국식으로, 아이주도식으로 유아식을 시작한 이후 아이들에게도 변화가 생겼지만 무엇보다 저에게도 큰 변화가 찾아왔습니다. 한끼 식사를 위해 여러 가지 반찬을 만들어야 하는 스트레스에서 벗어나 비교적 간단한 식단인 미국 유아식을 하니 식사 준비가 쉬워졌고 몸도 덜 고단했어요. 유아식 준비 스트레스가 줄어드니 엄마인 저에게도 마음의 여유가 생기고 아이도 즐겁고 행복해지는 결과를 이끌어냈죠. 아이주도식으로 아이가 스스로 먹도록 식습관을 길러주자 먹여주지 않아도 되어 온가족이 함께 식사를 할 수 있게 되었습니다. 훨씬 편해졌어요.

아이가 안 먹는 것이 얼마나 괴로운 일인지 똑같이 안 먹는 아이를 둔 엄마라면 잘 압니다. 매끼 갓 지은 밥에 아이만을 위해 끓인 국과 여러 반찬을 맛있게 먹어준다면야 힘들어도 얼마든지 그 수고를 아끼지 않겠지만 아이가 안 먹으면 아무 소용없는 일이니까요. 주변의 잘 먹는 아이와 우리 아이를 비교할 필요도 없고, 자신의 요리 실력을 자책할 필요도 없습니다. 모든 아이는 생김새가 다르고, 성향이 다르며 식성도 다릅니다. 내 아이를 잘 아는 것은 바로 나, 엄마 자신이에요.

남들에게 보여주기 위한 식단이 아닌, 내 아이가 잘 먹고 좋아하는 식단으로 균형 잡힌 영양

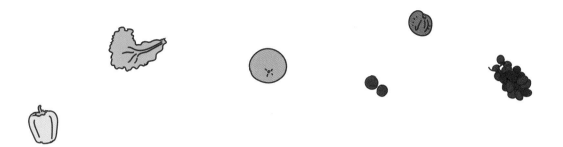

소가 가득 들어 있는 식사를 배불리 먹이고 싶은 마음으로 시작한 미국 유아식의 경험이 같은 고민을 가진 엄마들에게 조금이나마 도움이 되기를 진심으로 바랍니다.

2020년 봄, 엘리

Contents

에너지를 충전해주는
점심 메뉴

Part 5

**알차고 든든한
저녁 메뉴**

Part 6

아이가 좋아하는
달콤한 간식

Part 1
안 먹는 아이도
바쁜 엄마도
행복한
미국 유아식

아이의 평생 식습관을
좌우하는 유아식

두뇌 발달과 신체 성장이 급격히 이루어지는 시기, 아이가 무엇을 먹느냐가 평생의 건강과 식습관을 결정해요. 영양 불균형이 되지 않도록 필수 영양소를 꼼꼼히 따지고, 아이가 좋아하는 식재료를 중심으로 다양하게 음식을 준비해줘야 골고루 잘 먹고 건강하게 자랍니다. 유아식을 시작할 때 중요한 점들은 무엇인지 함께 살펴볼까요?

유아식이란 무엇일까요?

유아식은 모유나 분유를 주식으로 해서 영양소를 섭취하던 아기들이 미음이나 죽 형태의 유동식을 섭취하던 이유식 단계를 지나, 단단한 형태의 음식을 섭취하는 단계를 부르는 말이에요. 어른들이 평소 먹는 일반식으로 넘어가기 전 단계의 식사라고 생각하면 쉽답니다.

한국에서는 초기, 중기, 후기 이유식 단계를 거쳐 생후 12개월 이후부터 유아식을 시작하죠. 한편 미국에서는 아이주도식(BLW법)으로 이유식을 시작하는 경우, 부드럽게 쪄낸 채소나 고기, 생과일 등을 손가락 크기로 잘라서 주는 것으로 유아식을 해요. 유아식을 시작하는 시기는 자로 재듯 딱 정할 수 없어요. **아이마다 발달 상황이 제각기 다르기 때문에 '내 아이가 준비되었을 때'가 유아식을 시작할 적기입니다.** 아이가 앉아서 손으로 장난감을 집어 입에 넣기 시작하면 미국 유아식을 할 수 있는 시기라고 생각해요.

유아식 단계에서 엄마는 다양한 맛과 식감, 색깔의 식재료를 소개하죠. 아이는 식재료를 탐색하며 음식에 점점 익숙해지고, 식사와 식사 시간에 대한 개념을 깨우치고, 식사 예절을 배워요. 또한 손가락이나 숟가락, 포크 등의 도구를 사용하면서 소근육을 발달시키고, 눈과 손의 협응 능력 등 신체의 여러 운동 기능을 발달시키는 단계이기도 합니다.

아이에게 다양한 음식을 경험시켜주는 미국 유아식!

미국 유아식이라고 하면 한식이 아닌 특별한 날, 거하게 차린 서양 요리를 기준으로 하는 식단이 생각나죠? 하지만 미국 유아식은 거창한 것도 생소한 것도 아니에요. **식판에 꼭 쌀밥과 국, 반찬 2~3가지를 채워야 한다는 부담감에서 벗어나 아이의 성장에 필요한 영양소가 골고루 갖춰지는지에 포커스를 맞춘 한끼 식사**랍니다. 그동안 접해보지 못한 새롭고 다양한 양식 식단을 한식 식단에 추가한다고 생각하면 돼요. 훨씬 더 많은 식재료와 조리법으로 요리한 음식들을 맛볼 수 있으니, 아이는 다양한 음식을 경험하고 엄마는 식단 선택의 폭이 넓어진다는 장점이 있어요.

식단을 구성할 때는 숟가락이나 포크의 사용이 익숙하지 않은 **아이가 스스로 집어먹기 쉽도록 핑거푸드 위주로 구성**해요. 또 필수 영양소인 탄수화물, 단백질, 지방이 골고루 포함된 메인 요리에 채소나 과일을 곁들여 각종 비타민과 무기질도 섭취합니다. 우리가 쉽게 접하는 스테이크를 떠올려보면 미국 유아식의 한끼 식사 구성을 쉽게 이해할 수 있을 거예요. 스테이크와 으깬 감자나 프렌치프라이, 찌거나 볶은 채소가 모두 한 접시에 담긴 식사는 탄수화물과 단백질, 지방, 비타민, 무기질 등 필요한 영양소가 골고루 들어 있는 든든한 한끼인 것처럼요.

미국 유아식의 가장 큰 특징과 장점

'아이주도식BLW: Baby Led Weaning'이라는 점이 미국 유아식의 가장 큰 특징이자 장점입니다. 엄마가 아이에게 먹여주는 것이 아니라, 아이가 스스로 먹는 식사법이죠. **먹을 음식과 양을 아이가 스스로 선택하게 해요. 아이의 자율성과 의사를 존중해주고, 이를 통해 아이의 자신감 상승을 이끌어냅니다.** 마음에 드는 음식과 먹기 싫은 음식을 자신의 의사로 선택하는 아이들은 새로운 음식을 맛보는 일에 거부감이 훨씬 덜해요. 먹기 싫으면 안 먹어도 된다는 사실을 알고 있기 때문이죠.

그리고 엄마아빠가 먹여주지 않고 아이가 스스로 먹게 해서, 온가족이 함께 즐겁게 식사를 할 수 있어요. 아이가 식사 시간을 인지하고 가족의 식습관과 식사 예절도 자연스럽게 배우게 된답니다.

미국 유아식에 대한
오해 바로잡기!

아이에게 선뜻 미국식으로 먹여도 될까 고민하는 엄마들을 위해 준비했어요. '한국 사람은 밥심'이라는 말도 있듯 우리 문화권에서는 쌀밥과 반찬을 먹는 식사를 중요하게 생각하죠. 또 미국 아이들의 비만율을 생각하면 미국 유아식의 열량이 높을까 걱정도 될 거예요. 하지만 걱정을 덜어내봐요. 우리가 잘 모르고 있던, 오해하고 있던 부분들을 하나하나 짚어볼게요!

미국식 식사는 비만식이다?

성인 인구의 3분의 1에 해당하는 사람들이 비만을 앓고 있는 미국. 소아 비만율도 굉장히 높죠. 그래서인지 미국식 식사라고 하면 기름기가 많은 고열량의 식사가 생각나는 건 사실이에요. 미국 유아식을 아이에게 먹이면 비만이 될까봐 걱정하는 엄마들도 많아요. 하지만 미국인들의 비만을 유발하는 진짜 원인은 미국식 식사가 아니라 식습관에 있습니다. 미국의 질병통제예방센터인 CDCCenters for Disease Control and Prevention에 따르면 미국인의 비만을 일으키는 원인은 크게 식습관과 유전적 요인에 있다고 해요. 여기서는 간단하게 식습관에 대해서 이야기해보겠습니다.

비만을 일으키는 미국인의 식습관에는 2가지 원인이 있어요. 첫 번째 원인은 지나친 식사량이고, 두 번째 원인은 콜라와 같은 청량음료의 섭취입니다. 쉽게 말하면 먹는 양이 너무 많고, 설탕이 듬뿍 들어간 음료를 식사할 때뿐 아니라 평소에 늘 마시기 때문에 비만이 될 수밖에 없다는 뜻이죠.

식습관 외에도 미국인들을 비만으로 만드는 치명적인 원인이 또 있어요. 바로 운동 부족입니다. 앞서 설명한 나쁜 식습관에 운동은 전혀 하지 않는 생활습관까지 더해져 비만율을 더욱 높입니다. 미국의 생활 환경을 자세히 들여다보면 자동차 없이는 한 발짝도 집 밖으로 나서기 힘들어요. 미국인은 일상생활을 할 때 신체 활동량이 한국인에 비해 턱없이 부족합니다. 질병통제예방센터에서 미국의 50개 주, 18세 이상의 성인 45만 명을 대상으로 설문조사를 실시한 결과, 미국인의 80%에 해당하는 성인이 충분한 운동을 하고 있지 않다고 했대요. 실제로 미국인이 다른 나라의 사람들보다 적게 걷는다는 연구 결과도 많아요.

그렇기 때문에 미국인들의 비만을 무조건 식사 때문이라고 말할 수 없어요. 미국식 식사가 비만의 원인인 것이 아니죠. 어떤 음식을 먹든 건강하게 먹으면 질병을 일으킬 수 없어요. 건강한 음식을 적당한 양으로 먹고 충분히 운동한다면 미국식도 건강식입니다. 건강식은 만드는 사람에게 달려 있다고 생각해요. 아이를 위해 건강한 식재료로 직접 요리하면 미국식 식단으로 차린 유아식도 건강한 요리가 될 거예요.

미국 유아식은 요리하기 힘들다?

생소한 식재료, 낯선 요리 이름 때문에 미국 유아식은 왠지 만들기 힘들 것 같다는 걱정도 종종 들었어요. 하지만 절대 걱정할 필요가 없답니다! 저희 첫째아이는 쌀 미음으로 이유식을 시작했고 그 이후에는 한국 식재료와 한식으로 이유식과 유아식을 먹어왔지만 지금은 미국에서 유아식을 잘 먹고 있어요. 처음부터 미국 유아식을 시작한 둘째아이는 물론 무엇이든 더 잘 먹고요.

미국의 식재료들도 아이에게 필수 영양소를 골고루 줄 수 있어요. 그리고 생각보다 미국의 식재료들은 낯설지 않답니다. 브로콜리나 콜리플라워, 시금치, 망고, 딸기, 달걀, 닭가슴살, 연어 등 한국에서도 충분히 구할 수 있는 재료들을 사용해서 레시피를 개발했어요. 레시피의 이름만 낯설 뿐이지 사실 어디에서든 구하기 쉬운 식재료예요.

아이주도식을 중요하게 생각하는 미국 유아식은 대부분이 핑거푸드라 한식 유아식에 비해 만들기가 간단해요. 조리 과정도 바쁜 엄마를 배려해 더더욱 간결하게 정리했어요. 불 앞에서 땀을 뻘뻘 흘리며 오랫동안 요리하지 않아도 된답니다! 예를 들어 블렌더로 재료들을 한꺼번에 섞는 식의 조리법을 자주 사용해요. 손이 덜 가서 요리하기 편리하고 식재료를 잘게 갈아 아이의 편식을 예방할 수 있죠. 최대한 따라 하기 쉽게 미국 유아식을 만들 수 있도록 정리했으니 요리 초보 엄마도 쉽게 따라 할 수 있어요.

온가족이 함께 먹는 밥상을 차리기 어렵다?

엄마아빠는 한식, 아이는 미국 유아식을 먹는다고 하면 밥상을 어떻게 차려야 할까 고민이 될 거예요. 하지만 앞에서 설명했던 것처럼 식재료도 사실 크게 다르지 않고, 거창하게 여러 가지 반찬을 차릴 필요가 없어서 생각보다 어렵지 않아요. 예를 들어 아이를 위해 저녁 식사에 치킨너겟을 만들려고 하면 양을 조금 더 넉넉히 해서 엄마아빠의 반찬으로 활용하면 된답니다. 물론 어른들을 위해 양념을 더하거나 다진 마늘이나 파와 같은 재료들을 더해 풍미를 살리는 식으로 응용해도 좋아요.

기본적으로 미국 유아식은 한 그릇 요리들이기 때문에 아이에게는 푸짐한 한끼 식사, 엄마아빠에게는 반찬이나 사이드 요리가 될 수 있어요. 유아식이라는 생각에서 벗어나 레시피를 활용해 온가족이 함께 먹어보세요. 건강하고 간편하게, 다양한 영양소를 골고루 섭취할 수 있는 요리로 추천합니다!

쌀밥과 국, 반찬이 없는 식사는 정말 괜찮을까?

유아식을 준비하는 엄마들에게는 매 끼니마다 밥과 국, 반찬 2~3가지를 식판에 올려줘야 한다는 부담감이 있어요. 아이가 골고루 잘 먹기만 해준다면 영양 가득한 식사임에는 틀림없죠. 하지만 밥을 거부하거나 국을 안 먹고, 반찬만 먹는다거나 아예 한식에는 입도 대지 않는 아이라면 어떨까요? 안 먹는 아이 때문에 속상하고 어떻게 해야 할지 모를 거예요. 그럴 때는 양식으로 유아식을 병행해보면 아이가 좋아하는 음식 종류를 더 많이 찾을 수 있어요.

양식 식단을 보면 '한국인의 주식인 쌀밥과 국이 없는데 괜찮을까?' 하는 걱정이 들 수 있죠. 그런데 이때 생각해볼 것이 있어요. 쌀을 섭취해서 얻는 주된 영양소는 탄수화물인데 밥을 먹지 않는 아이에게는 밥 대신 탄수화물을 얻을 수 있는 음식을 먹이면 걱정이 해결되지 않나요? 쌀을 꼭 먹여야 하는 게 아니라 아이에게는 탄수화물이 필요할 뿐이니까요. 쌀을 대체할 탄수화물 식재료는 많아요. 통곡물빵이나 파스타, 감자, 고구마처럼 주변에서 구하기 쉬운 식재료들로도 탄수화물을 제공할 수 있습니다.

반찬도 마찬가지예요. 반찬을 단품으로 여러 가지 차리는 대신 채소와 고기, 치즈 등의 식재료로 한 그릇 요리를 차려주면 돼요. 아이에게 필요한 영양소를 골고루 제공할 수 있을 뿐 아니라 요리 개수를 줄여 엄마의 수고를 덜어줄 수 있어요.

그리고 의외로 국을 잘 먹지 않는 아이들도 있어서 애타는 엄마들이 많을 거예요. 그런데 사실 쌀밥을 먹을 때 국을 먹는 이유는 쌀의 전분 때문이에요. 끈끈한 쌀밥을 간하지 않은 상태로 먹으니까 맛을 더하고, 부드럽게 씹어 넘기기 위해서 국을 함께 섭취하죠. 주식으로 밥을 먹지 않는다면 국을 반드시 먹어야 할 이유가 없어요. 게다가 끼니마다 국을 먹는 것이 오히려 나트륨을 과도하게 섭취하도록 만들어 건강을 해치기 때문에 요즘에는 작은 국그릇을 사용하자고 할 만큼 국의 섭취량을 줄이는 것을 권장하고 있습니다.

무엇보다 가장 좋은 식단은 아이에게 꼭 필요한 필수 영양소가 골고루 갖춰진 식단이라고 생각해요. 미국 유아식이라고 해도 밥이나 불고기, 김치 등을 함께 구성해도 된답니다. 어떤 식단이 건강한 식단이고, 어떤 식단이 건강하지 않은 식단이라고 딱 잘라 말할 수 없어요.

미국 유아식을 시작하기 전 꼭 기억할 포인트 10

아이에게 미국 유아식을 차려주기 전 많은 걱정이 떠오를 거예요. 그러나 너무 걱정 마세요. 처음엔 적응하느라 힘들 수 있지만 결국 아이주도식으로 구성한 미국 유아식 덕분에 엄마와 아이 모두 행복해질 거예요. 아이의 건강한 입맛과 올바른 식습관을 잡아주려면 다음의 10가지 포인트만 기억해주세요.

1. 숟가락이나 포크로 먹여주지 마세요

아이주도식을 통해 아이에게 스스로 음식을 먹게 해서 독립심을 길러주세요. 혼자 손으로 음식을 집어먹도록 하고, 도구를 사용하고 싶어 하면 식판에 음식을 담아 숟가락과 포크를 쥐어주세요. 아이가 음식을 가지고 놀거나 흘려도 괜찮아요. 그러면서 도구를 사용해 음식을 먹는 방법을 터득하게 된답니다.

2. 음식을 먹으라고 강요하지 마세요

안 먹는 음식이나 남긴 음식을 먹으라고 하지 말아요. 아이가 스스로 먹고 싶은 음식과 먹고 싶지 않은 음식을 선택하도록 의사를 존중해주고, 먹을 음식의 양도 아이가 정하도록 해주세요. 아이에게 먹고 싶지 않은 음식을 강요하면 오히려 더욱 강하게 음식을 거부하게 될 수도 있어요.

3. 새로운 음식을 소개할 때는 잘 먹는 음식과 함께 담아주세요

낯선 음식은 선뜻 먹어보기 망설여질 수 있어요. 어른들도 그렇잖아요. 그러니 평소에 잘 먹는 익숙한 음식과 함께 담아서 소개해줘야 아이 입장에서는 부담감이 덜해요. 새로운 음식을 꼬지에 끼워주거나 모양 커터를 사용해 아이의 흥미를 끌 만한 모양으로 줘도 좋아요. 호기심이 발동해 새로운 음식에 도전해보고 싶은 욕구가 생길 거예요.

엄마 입장에서도 아이가 새로운 음식을 전부 남기면 헛수고한 것 같은 기분에 기운이 빠지고 속상하잖아요? 하지만 새로운 음식을 잘 먹는 음식과 함께 주면 아이가 잘 먹는 음식을 다 먹은 후 새로운 음식을 약간 남겨도 실망감이 덜해질 거예요.

4. 새로운 음식은 소량으로 시작하세요

낯선 식재료나 조리법으로 만든 음식은 아이가 좋아할지 싫어할지 모르니, 처음 줄 때는 새로운 음식을 극소량만 주세요. 아이가 잘 먹으면 그때 더 주면 됩니다. 하지만 아이가 새로운 음식을 싫어하면 전부 남길 수 있어요. 그러니 처음부터 조금만 담아주는 게 엄마의 마음도 편하고, 아이의 마음도 훨씬 가벼울 겁니다.

5. 잘 먹는 음식, 안 먹는 음식, 처음 시도하는 음식으로 식판을 구성해요

앞의 3번과 4번 포인트를 응용해 잘 먹는 음식은 넉넉하게, 처음 시도해보는 음식은 2~3조각, 안 먹는 음식은 극소량으로 1조각 정도 식판에 담아주세요. 잘 먹는 음식으로 배를 불리고 처음 시도해보는 음식은 맛보는 정도로 먹으면 안 먹는 음식을 남겨도 괜찮으니까요. 오히려 안 먹는 음식에 도전한 것을 칭찬해주고 다음번에는 먹을 수 있도록 아이를 격려해주세요. 그러면 아이에게 계속 도전할 의지가 생기고, 안 먹던 음식도 언젠가는 먹게 되는 날이 올 거예요.

6. "먹기 싫으면 안 먹어도 돼"라고 말해주세요

눈앞에 놓인 음식을 다 먹어야 한다는 부담감 대신 먹기 싫으면 안 먹어도 된다는 선택을 할 수 있는 아이는 새로운 음식을 맛보는 일에도 두려움이 덜해요. 한입 먹어보고 먹기 싫으면 안 먹어도 되니까요. 물론 엄마에게는 속상한 일이지만 장기적으로 봤을 때 아이는 새로운 음식을 무조건 안 먹겠다고 거부하기보다 맛을 먼저 보는 식으로 모험심을 키울 수 있어요. 또한 자신이 좋아하는 음식을 찾는 기회를 더 많이 얻었다고 생각하게 된답니다.

7. 모양 커터를 활용해 다양한 모양으로 만들어주세요

아이들은 시각적으로 예쁜 것에 호기심과 흥미를 가져요. 음식도 마찬가지예요. 더 예쁜 모양의 음식을 먹고 싶어 하죠. 잘 먹지 않는 채소나 과일을 모양 커터로 잘라서 줘보세요. 평상시에 잘 먹는 음식도 예쁜 모양으로 잘라주면 훨씬 더 즐겁게 먹을 수 있을 거예요.

8. 다양한 조리법을 시도해요

달걀프라이를 안 먹는 아이가 삶은 달걀은 잘 먹기도 하고, 소고기를 안 먹는 아이가 비프커틀릿은 잘 먹기도 해요. 안 먹는 식재료가 있어도 포기하지 말고 다양하고 새로운 조리법으로 요리해서 아이가 좋아하는 음식이 무엇인지 계속 찾아보세요.

9. 채소를 안 먹는다고 스트레스받지 마세요

저도 아이가 채소를 안 먹는 데 집착해, 꼭 먹이려고 애쓰고 안 먹으면 속상해하며 자책을 반복했던 때가 있었어요. 하지만 줘도 안 먹는 채소 때문에 아이와 실랑이를 하는 대신 채소의 영양소가 들어간 과일을 먹이는 것이 아이도 행복하고 저도 행복한 일이었다는 걸 깨달았답니다. 예를 들어, 피망으로 얻는 영양소는 비타민과 칼슘인데 아이가 피망을 안 먹으면 비타민과 칼슘이 가득 들어 있는 딸기나 블루베리, 라즈베리, 블랙베리 등의 베리류의 과일을 주세요. 이런 식으로 대체 식재료를 찾는 노력을 더 하면 스트레스가 줄어들게 돼요.

10. 잘 먹는 음식도 안 먹을 때가 있다는 사실을 기억해요

'어, 이건 항상 잘 먹던 건데 왜 안 먹지?' 하는 순간이 찾아올 때도 있죠. 하지만 너무 걱정하지 마세요. 음식 거부가 아닙니다. 그냥 그 음식이 그날 먹기 싫은 것일 수 있어요. 어른들도 항상 좋아하는 음식이지만 왠지 그 음식이 먹고 싶지 않은 날이 있잖아요? 저는 떡볶이를 너무나 좋아하는데 막상 먹으라고 내놓으면 안 먹기도 해요. 아이들도 그런 날이 있다는 것을 기억해주세요.

음식과 친해지는 단계적 변화 과정과
엄마의 마인드 관리법

얼마 전까지만 해도 주는 대로 잘 먹던 아이가 갑자기 밥을 안 먹고 특정 식재료를 거부하면 속이 상하죠. 아이의 성장이 더뎌질까 걱정되고요. 혼자 애끓는 엄마들을 위해 한식 유아식에서 미국 유아식으로 밥상에 변화를 준 과정과 그로 인해 얻은 결과들을 정리해봤어요. 엄마의 마음이 흔들릴 때 읽으면 좋을 마인드 관리법도 담았으니 한번 읽어보세요.

"한입만"에도 끄떡없던 아이의 음식 거부

잘 먹던 첫째아이가 18개월에 접어들면서 음식 거부를 시작했어요. 차라리 편식이라도 했으면 좋을 정도로 음식에 대한 흥미가 없고, 좋아하는 음식만 골라 먹는 행동도 안 했어요. 먹을 수 있는 식재료는 손에 꼽을 정도로 10가지도 채 되지 않았고, 그마저도 익숙하지 않은 모습으로 조리되어 나오면 무조건 거부했어요. "한입만"을 애걸하며 먹이려고 애썼지만 혀끝을 살짝 대고는 고개를 획 돌려버리는 아이를 보면 너무 속상하고, 요리를 하고픈 의욕도 사라졌어요. 식사 시간이 다가 오는 것이 매일 스트레스였죠.

그러다 아이 중심으로 유아식을 바꿔야겠다고 생각을 전환하고는 아이가 좋아하는 것을 배부르게 차릴 식단이 무엇일지 고민했어요. 정성 들여 갖은 채소와 소스를 넣고 파스타를 만들어주면 소스를 씻어내고 파스타면만 달라는 아이를 보며 속이 부글부글 끓었죠. 속상함을 참아가며 파스타면을 물에 헹궈서 주곤 했는데 애초부터 그냥 파스타면만 삶아서 내놓으면 아이도 행복하게 먹을 수 있고, 저도 요리하느라 애쓸 필요가 없어서 모두에게 스트레스 없는 식사시간이 되더라고요.

그렇게 아이주도식으로 유아식을 바꿨어요. 더 이상 억지로 먹이거나 쫓아다니며 먹여주지 않고, 아이가 좋아하는 음식을 스스로 먹게 했습니다. **아이주도식에서 중요한 포인트는 음식의 선택권을 아이에게 주며, 엄마는 아이의 선택을 존중하고 다양한 음식을 접할 수 있는 기회만 제공하는 것이에요.** 그리고 골고루 먹으라거나 더 먹으라고 강요하지는 않지만 새로운 식재료를 소개하는 일은 포기하지 않는 것! 이 포인트들을 기억하면서 장기적인 계획을 세웠어요. 아이가 하나의 요리를 완전히 먹기까지 여러 단계에 걸쳐 시행착오를 거쳤어요.

파스타를 먹기까지

음식을 거부하던 첫째아이가 토마토파스타, 크림파스타는 안 먹지만 파스타면은 먹어주었기에 탄수화물 섭취에 중점을 두고 삶은 파스타면만 주는 것으로 첫걸음을 뗐어요.

1단계
삶은 파스타면에 풍미를 더하기 위해 버터를 1작은술 비벼서 버터파스타를 주기

2단계
버터파스타에 따뜻한 우유를 섞어서 주기(크림소스를 소개하기 위한 전 단계. 우유는 첫째아이가 제일 좋아하는 식재료였어요.)

3단계

파스타에 생크림을 버무려서 주기(생크림의 식감과 색깔이 우유와 비슷하고, 우유팩에 들어 있는 모습도 닮아 있어서 우유라고 소개하고 조리하는 과정을 보여줬어요.)

4단계

완전한 크림파스타 먹이기 성공(생크림소스에 익숙해졌기에 완전한 크림파스타를 만들었을 때 거부 반응 없이 잘 먹게 되었어요. 그 이후 아이가 좋아하는 단백질 식재료인 닭고기와 해산물을 추가하는 과정을 단계별로 진행했어요.)

잡채를 먹기까지

소고기는 먹었지만 당면과 채소가 들어 있는 잡채는 먹지 않던 아이. 그래서 가족들의 저녁 식사가 잡채인 날은 아이에게 소고기만 주는 걸로 시작했어요.

1단계

잡채 양념이 된 소고기만 듬뿍 주기

2단계

잡채 양념이 된 소고기에 당면 극소량 추가해서 주기(당면을 안 먹어도 상관없다고 마음먹어요.)

3단계

당면의 양을 점점 늘리고 채소만 뺀 잡채 주기

4단계

잡채에 채소 극소량 추가해서 주기(어쩌다 식판에 채소가 딸려간 느낌으로 주세요.)

5단계

잡채와 채소의 양을 늘려서 주기(완전한 잡채 먹기 성공!)

요거트를 먹기까지

아침 식사나 간식으로 먹이기 좋은 요거트를 안 먹으니, 먹일 수 있는 음식의 선택 폭이 너무 좁았어요. 다른 엄마들은 건강을 생각해서 당도가 높은 일반 요거트 대신 아기용 요거트를 먹인다는데… 단맛으로라도 먹어줬으면 하는 마음에 여러 가지 맛이 첨가된 요거트도 시도해보았지만 전부 실패했어요. 그래서 형태를 바꾸고 먹은 듯 안 먹은 듯하게 극소량의 사이즈로 요거트를 바꿨어요.

그릭요거트나 플레인요거트를 과일과 함께 갈아서 다양한 색깔로 만든 후 가장 작은 1cm짜리 얼음 틀에 얼렸어요. "딱! 하나만 먹을 수 있어"라고 강조하며 얼린 요거트(요거트멜트, 282쪽)를 정말 하나만 줬어요. 아이스크림 형태여서 기존의 요거트와 식감이 달랐기에 아이가 거부 반응을 보이지 않았고, 사이즈가 너무 작아서 맛을 느끼기도 전에 녹아버려서인지 그게 요거트인 줄도 모르고 먹더라고요.

그리고 "하나 더!"라는 아이의 요청을 못 들은 척하며 일부러 몇 시간 뒤에 얼린 요거트를 줬어요. 먹고 싶은데 못 먹으면 더 기다려지고 더 먹고 싶잖아요? 그랬더니 결국 얼린 요거트는 사흘이 지나기 전에 전부 사라졌어요. 이 방법으로 얼린 요거트에 익숙해지자 액체 식감의 요거트도 잘 먹게 되었답니다.

아이가 좋아하는 음식 위주로 식판에 담으면서 항상 아이가 먹지 않는 음식도 계속 담아줬어요. 바로 옥수수와 완두콩이에요.

먼저 옥수수 2알부터 시도했어요. 배부르게 먹을 수 있는 메인 요리 옆에 옥수수를 2알씩 올려두었고, 아이는 며칠 동안이나 먹지 않고 남겼어요. 옥수수 2알은 아이가 한 번쯤 시도해보기 좋은 양이고 '다 먹었다'라는 성취감을 느낄 수 있는 양이에요. 그리고 엄마에게는 버려져도 아깝지 않은 양이고 아이가 안 먹어도 걱정하지 않아도 되는 양이죠.

그러다 어느 날 아이가 옥수수 1알을 먹었어요. 스스로 먹은 것인지, 함께 놓인 음식을 먹다 얼떨결에 숟가락으로 딸려 들어가서 먹은 것인지는 몰라요. 1알을 먹자 다음 날에는 스스로 옥수수를 2알 다 먹었어요. 그 다음엔 5알 정도를 올려주었고, 그 다음엔 아예 한 숟가락씩 듬뿍 떠서 줬어요. 그렇게 옥수수에 익숙해지고 있던 중 식사 준비를 하고 있었어요. 그런데 옥수수를 본 아이가 숟가락을 들고 와서 옥수수를 퍼서 먹고 있지 뭐예요? 꿈인가 생시인가 싶었어요. 저에게는 그 정도로 놀라운 변화였어요. 지금은 옥수수를 통째로 잡고 먹어요.

완두콩도 마찬가지로 2알부터 주기 시작했어요. 완두콩을 처음 입에 넣던 날은 식감과 맛을 느끼자마자 아이가 토하고 말았어요. 그래도 꾸준히 2알씩 완두콩을 식판에 올렸어요. 아이가 좋아하는 파스타에 1~2알씩 추가했고요. 그랬더니 파스타를 먹으면서 1~2알 정도는 그냥 먹더라고요. 아마도 그동안 매일 식판에 올라온 완두콩이랑 친해져서, 좋아하지는 않지만 무조건 거부하지는 않게 된 것 같았어요. 그렇게 점점 파스타에 들어가는 완두콩의 양을 늘렸고 지금도 완두콩을 좋아하지는 않지만 마냥 싫어하지도 않아요. 음식에 들어 있으면 골라내지 않고 먹는 정도까지 된 것이죠!

　　무조건 한입이라도 더 먹여야겠다는 생각을 바꾸고 식단을 바꾸면서 그렇게나 안 먹던 아이에게 조금씩 변화가 생기는 것을 보고 맞는 방법을 찾은 것 같아 안도했어요. 지금 당장은 안 먹는 음식이 많아서 걱정되고 조바심이 나겠지만 아이의 평생 식습관을 바로잡을 수 있다면 조금 시간이 걸리더라도, 장기적인 계획과 인내심을 가지고 노력하면 충분히 바꿀 수 있다는 확신이 생겼거든요.

　　아이가 너무 안 먹어서 고민이라면 '어떻게 새로운 방법으로 요리를 해야 할까?'라는 스트레스에서 벗어나 **아이가 좋아하고 잘 먹는 음식이 무엇인지부터 노트에 적어보세요.** 의외로 쉽고 간단한 요리들일 거예요. 처음부터 아이가 먹지 않을 요리에 에너지를 쓰고, 거부당하며 스트레스를 받을 필요가 없어요. 우리는 아이가 잘 먹어준다면 어떤 요리든 해줄 준비가 되어 있는 엄마들이잖아요? 아이를 배부르게 먹이면서 동시에 안 먹는 식재료들을 친숙하게 만들고, 조금씩 먹게 만들고, 그러고 나서 그 재료들로 맛있는 요리를 만들어주면 된다고 생각해요.

　　때로는 안 먹는 아이를 둔 엄마의 사정을 모르는 주변 사람들이 아이의 식판을 보고 한마디씩 던지는 말에 상처받는 날도 있을 거예요. 저 역시도 그런 경험이 있어요. 퀘사디아는 먹지 않았던 첫째아이가 또띠아와 치즈는 먹었기에 그냥 또띠아에 치즈만 끼워서 먹였거든요. 퀘사디아라는 음식을 소개하기 위한 중간 단계의 요리였지만 다른 엄마들이 보기에는 '아이의 음식을 만들기 귀찮은 엄마의 성의 없는 밥상'으로 보였던 거죠. 하지만 남들이 나를 어떤 엄마라고 생각하는 것보다 아이가 지금 무엇이라도 먹고 있다는 사실이 더 중요해요. 이 과정의 다음 단계에 어떤 음식을 먹일지 계획만 있으면요! 치즈와 또띠아를 함께 먹는 것에 익숙해진 아이에게 치즈를 녹여 만든 치즈퀘사디아를 소개하고, 닭고기나 새우를 추가해 제대로 된 치킨퀘사디아, 새우퀘사디아를 먹일 수 있으면 돼요.

　　다시 한 번 강조하지만 제가 미국식 식단으로 아이주도식을

직접 경험해보고 느낀 가장 큰 장점은 '아이가 먹는 즐거움을 알게 되고, 식사 시간이 즐겁기 때문에 혼자서도 잘 먹는다는 것'이었어요. 아이를 키우는 모든 엄마들의 바람이기도 하죠. 남들의 시선과 질책보다 내 아이가 즐겁게 먹을 수 있는 음식에 집중하고, 나보다 더 내 아이를 잘 아는 사람은 없다는 사실에 자신감을 가지세요. 그런 스스로를 믿고 미국 유아식을 시작해 보세요. 분명 변화가 있을 거예요.

미국 유아식
Q & A

미국 유아식을 하면서 궁금한 것들이 참 많을 거예요. 지금 제대로 잘하고 있는지 걱정도 될 거고요. 갑자기 걱정거리가 불쑥 생겨날 때 읽어보세요. 소소하지만 생생한 질문과 답변에 걱정거리가 싹 사라질 거예요.

Q1. 한국 아이들은 이유식에서 유아식으로 넘어갈 때 초기-중기-후기로 나눠 미음부터 시작해 죽 형태로, 묽기와 입자를 바꿔가다가 유아식으로 넘어가는데 미국은 이유식에서 유아식으로 넘어갈 때 어떤 과정을 거치나요?

A. 미국은 전통 이유식법의 경우 과일과 채소를 한국의 죽처럼 퓨레 형태로 갈아 만든 음식으로 이유식을 시작해요. 하지만 퓨레 형태의 식사는 3~4주 정도로 짧게 하고 바로 바나나, 아보카도처럼 으깨기 쉬운 과일을 주거나 생채소를 스팀으로 찐 다음 으깨서 먹이는 것으로 유아식을 해요. 그래서 특별히 이유식과 유아식의 경계가 없어요.

아이에게 알러지가 있는 식재료나 보툴리누스균의 감염 가능성이 있는 꿀과 같이 위험한 식재료가 아니라면 어떤 것이든 먹입니다. 이가 없어도 아이들은 잇몸으로 으깨어 먹을 수 있으니 미국 이유식이나 유아식은 개월수별로 식단과 식재료를 구분하지 않아요.

단, 아이가 스스로 입에 넣어 으깨고 소화시킬 수 있는 크기와 식감인지에 따라 식재료를 구분해 요리해요. 이 책에서 소개한 유아식 레시피도 식재료의 입자를 더욱 작게 다져 스스로 씹고 삼킬 수 있게 만들면 이유식을 하는 아기들에게도 먹일 수 있답니다.

Q2. 아이용 식사와 어른용 식사를 따로 준비하는 것이 너무 힘들어요. 미국인들도 아이용 식사와 어른용 식사를 각각 준비하나요?

A. 앞서 설명했던 것처럼 미국은 이유식과 유아식의 경계가 없고, 아이의 씹는 능력과 식재료의 크기에 따라 어떤 것이든 먹일 수 있기 때문에 특별히 아이만을 위해 따로 식사를 준비하지 않아요. 미국의 아이들은 보통 엄마아빠가 먹는 식사와 똑같이 먹어요. 예를 들어 미트볼파스타와 마늘빵이 저녁 식사라면 아이의 식판에는 잘게 자른 미트볼과 짧게 자른 파스타면, 조각조각 뜯은 마늘빵을 식판에 담아주는 식이에요.

아이들은 자신의 음식보다 엄마아빠가 먹고 있는 음식에 더 관심을 가져요. 그렇기 때문에 식사 시간이 되면 엄마아빠와 같은 음식을 먹고 싶어 하죠. 다른 가족들과 함께 식탁에 앉아요. 먹는 것보다 흘리는 게 많더라도 아이들이 스스로 음식을 먹게 해서 식사 시간의 즐거움을 느끼고 식습관, 식사 예절도 배우고 익히게 하죠. 엄마아빠는 아이들에게 떠먹여주느라 실랑이를 할 필요도 없어요.

따로 식사 준비를 하지 않아도 된다는 간편함은 물론이고 먹는 것의 즐거움과 식습관, 식사 예절을 스스로 터득하게 하는 점이 아이주도식의 큰 장점이기도 해요.

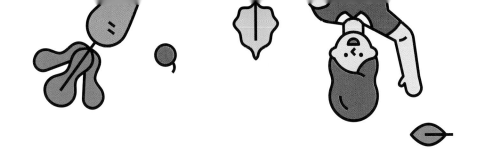

Q3. 동양인과 서양인은 체질이 달라서 한국인은 한식을 먹어야 하고 서양인은 양식을 먹어야 한다
는데, 한국 아이들이 미국 유아식을 먹어도 되는 건가요?

A. 동양인과 서양인의 체질이 다른 것은 사실이에요. 하지만 한식과 양식은 조리법만 다를
뿐이지 식재료는 같아요. 한국에서는 소고기로 불고기와 소고기완자를 만들어 먹어요. 미국에
서는 소고기로 스테이크와 미트볼을 만들어 먹어요.

그리고 이미 한국의 식문화는 꽤 서구화되어서 의식하지 못한 사이에 양식 식사가 주식으로
자리잡은 것도 많아요. 피자와 햄버거뿐 아니라 각종 음식에 치즈를 듬뿍 넣어 조리하기도 하
고 브로콜리나 콜리플라워, 아보카도 등의 서양 식재료로 조리하는 한식 레시피도 많고요. 현
대를 살고 있는 한국인들이 먹는 음식은 이미 식재료나 조리법에서 한식과 양식의 경계가 불
분명해졌어요. 그렇기 때문에 양식이 한국인의 체질에 맞지 않아서 아이에게 먹이면 안 될 것
이라는 걱정은 안 해도 된다고 생각해요.

물론 한국인은 밥과 국, 반찬을 먹고 미국인들은 빵과 스테이크를 먹으니 식사의 형태가 많
이 다르지만 결국 우리가 음식을 먹어서 얻고자 하는 것은 그 음식에 들어 있는 영양소잖아요.
밥에서 탄수화물을, 불고기에서 단백질을, 나물반찬에서 비타민과 무기질을 얻기 위해 음식을
먹는 것처럼 빵에서 탄수화물을, 스테이크에서 단백질을, 찌거나 구운 채소 또는 과일에서 비
타민과 무기질을 얻는 것이니 근본적으로는 한식이나 양식 모두 필수 영양소를 섭취하는 데 의
미가 있는 것이죠. 다만 한식은 탄수화물이 주식이고 양식은 단백질이 주식이라, 둘 사이에서
균형을 잘 잡아야 합니다. 그러면 동양인이냐 서양인이냐 하는 체질에 따라 식사 종류를 구분
할 필요가 없어요.

Q4. 아이에게 밥 대신 토스트 같은 빵 종류를 먹여도 될까요? 설탕과 버터가 많이 들어가서 걱정이 돼요.

A. 미국인들은 밥 대신 빵을 먹고, 아이들도 마찬가지로 빵을 먹어요. 다만 식사용 빵은 한국에서 흔히 간식으로 먹는 빵처럼 설탕 함량이 높은 달달한 빵이 아니에요. 그냥 식빵이나 달지 않은 디너롤, 바게트, 베이글, 치아바타와 같은 빵들이죠. 어린 아기들이나 유아들이 먹기 좋은 빵은 주로 디너롤이나 식빵입니다. 영양가를 높이기 위해 디너롤이나 식빵에 달걀물을 적셔 프렌치토스트로 만들기도 해요. 이 책에도 바나나를 으깨어 아이들이 좋아하는 단맛을 더한 정말 맛있는 바나나프렌치토스트(82쪽)가 소개되어 있어요.

또한 미국 유아식에서는 버터를 사용하는 것에 제한을 두지 않아요. 6개월이 지난 아기의 음식에는 신체 성장과 뇌 발달에 필요한 지방을 섭취시키기 위해 조리할 때 버터를 약간 추가하기를 권장해요. 대신 나트륨의 과다 섭취를 막으려고 무염 버터를 사용해요. 한식 이유식이나 유아식은 조리할 때 기름 사용을 자제하기 위해 재료를 육수나 물로 볶지만 미국에서는 오히려 좋은 기름 섭취를 위해 올리브오일이나 코코넛오일, 버터 등으로 재료를 볶는 편이에요. 양질의 지방 섭취로 성장을 도울 수 있기 때문이죠.

Q5. 아이가 가만히 앉아서 밥을 먹지 않고 돌아다녀요. 쫓아다니면서라도 먹여야 할지, 굶겨서라도 식사 예절을 가르쳐야 할지 고민이에요.

A. 제가 알고 있는 것이 정답은 아니지만 경험에 비추어 말할게요. 저희 첫째아이가 그랬어요. 너무 안 먹는 아이인데다가 먹을 때 자꾸 돌아다니다 보니 "한 숟가락만 먹자", "이것만 먹자" 하면서 따라다녔어요. 그런데 아이주도식을 시작하면서 아이가 그렇게 행동한 원인을 깨달았어요. 엄마가 따라다니면서 억지로 먹이니까 먹기 싫은 마음이 생겼고, 먹기 싫으니까 식사 시간에 앉아 있기 싫었던 것이었죠. 게다가 떠먹여주느라 엄마아빠가 함께 먹지 못한 것도 문제

였어요. 늘 아이에게 음식을 먹이고 난 후에 저와 남편이 식사를 했으니 아이의 식사 시간은 외로웠죠. 자신의 기호에 맞는 음식을 먹지 못하며 수동적이고 강압적으로 식사를 해서 밥을 먹는 게 즐겁지 않았을 거예요.

그러던 중 둘째아이가 이유식을 시작하면서 기존의 식사법을 아이주도식으로 바꾸고, 미국 유아식으로 주면서 아이들이 좋아하고 잘 먹는 음식 위주로 식단을 짰어요. 그리고 식사 시간에는 아이들이 스스로 음식을 먹는 행동에 집중할 수 있도록 했고요. 특히 저녁 식사 시간이 되면 온가족이 식탁에 앉아서 같은 음식을 먹었어요. 아침 식사 시간에는 첫째아이와 둘째아이가 마주 앉아서 먹게 했고, 둘째아이가 낮잠을 자느라 식사를 못할 경우에는 반드시 제가 첫째아이의 앞에 앉아서 식사를 했어요. 그랬더니 첫째아이가 점차 '식사 시간은 모두가 앉아서 함께 먹는 시간'이라는 것을 배웠고, 좋아하는 음식을 주니 먹여주지 않아도 잘 먹게 됐어요. 식사 시간에는 온전히 먹는 행동에 집중할 수 있게 되었죠.

식사 예절은 잔소리를 하며 가르쳐야 하는 것이 아니라 아이가 스스로 부모나 형제를 보고 배우는 것이라는 점을 깨달았답니다. 아이가 잘 먹고 좋아하는 음식을 영양소 균형에 맞게 주고, 아이가 먹는 시간에 엄마아빠도 앉아 함께 먹는 일부터 시작해보세요.

Q6. 아이가 아직 숟가락과 포크를 사용하는 게 익숙하지 못해서 흘리는 음식이 너무 많고 잘 먹지 못해요. 그래서 차라리 떠먹여주는 게 편한데 아이주도식을 계속 하는 게 맞을까요?

A. 미국에서는 6개월쯤부터 이유식을 하는데 아이가 스스로 숟가락과 포크를 사용하는 게 익숙해질 때까지 기다려줘요. 손으로 음식을 집어먹는 것을 당연하게 생각하고요. 그렇기 때문에 핑거푸드 형태로 음식을 만드는 것이 아이주도식의 핵심 포인트예요.

한식은 밥과 국, 반찬이 기본 구성이기 때문에 아이가 손으로 집어먹기가 힘들어요. 당연히 흘리는 음식이 많고 그 모습을 지켜보는 엄마는 답답한 마음에 떠먹여주게 되기 쉽죠. 엄마가 먹여주는 게 빠르고 속이 편할 거예요. 하지만 스스로 잘 먹는 아이로 키우고 올바른 식습관을 잡아주고 싶다면 흘리는 게 많더라도, 숟가락과 포크를 사용하는 게 익숙하지 않더라도 인내심을 가지고 아이가 스스로 먹게끔 기다려주세요. 음식을 핑거푸드 형태로 만들어주면 흘릴까 하는 걱정이 덜해요. 한식도 얼마든지 핑거푸드 형태로 만들 수 있어요. 쌀밥은 동글동글하게 주먹밥으로 만들고, 반찬은 손으로 집어 먹기 좋은 크기로 잘게 잘라주면 돼요.

단, 언제든 아이가 원할 때 도구를 사용할 수 있도록 숟가락과 포크를 내어주는 것은 잊지 마세요. 때로는 그것들로 장난을 치기도 하고 음식과 함께 내동댕이치기도 하겠지만 아이는 그렇게 도구에 익숙해지고 어떻게 사용하는지 배우는 과정을 경험하는 중이에요. 육아 자체가 부모의 끝없는 인내의 과정이잖아요. 식습관을 잡아주는 것도 그중 한 과정이니 포기하지 말고 아이가 스스로 먹고, 스스로 깨칠 수 있을 때까지 기다려주세요.

Q7. 아이의 음식 거부가 너무 심해요. 우유나 요거트, 과자, 과일 같은 간식을 전부 끊으면 밥을 잘 먹을까요?

A. 아이의 음식 거부에는 원인이 있을 수도 없을 수도 있어요. 음식 거부의 원인을 안다면 그것을 해결하면 되겠지만 원인이 없는 경우라면 아이들이 한 번쯤은 거치는 과정에 도달했다는 의미예요. 너무 겁먹지 마세요. 어떤 아이든 한 번쯤 음식을 거부할 수 있어요. 하지만 엄마 입장에서는 마냥 방관할 수 없죠. 음식을 거부하는 특별한 원인이 없으면 엄마의 필사적인 노력이 필요합니다. 저도 그랬던 사람 중 하나예요.

제가 음식 거부에 대해 조언을 받고 실행했던 방법을 알려드릴게요. 첫 번째 방법은 아이가 잘 먹는 음식을 찾아서 그 음식을 위주로 영양소를 골고루 갖춘 식단을 짜는 것입니다. 다른 사람들 눈에 잘 먹이는 듯한 그럴싸한 요리를 하는 것이 아니라 아이가 잘 먹는 식재료만으로 구성된 요리를 했어요. 예를 들어 소스가 들어간 파스타는 안 먹지만 파스타면은 잘 먹으면 그냥 파스타면만 삶아서 버터에 버무려주는 식으로요. 그러다 파스타면을 우유에 버무려주고, 그 요리에 익숙해지면 생크림에 버무려주면서 마침내 크림소스파스타까지 아이에게 먹일 수 있었어요.

또 다른 방법은 의외로 간단합니다. 엄마의 생각을 바꾸면 되는 방법이죠. 밥을 먹여야 한다는 생각에서 벗어나 쌀에서 얻는 탄수화물을 먹여야 한다고 생각을 전환했어요. 안 먹겠다고 거부하는 아이에게 억지로 먹이면 아이의 음식 거부가 더 심해질 뿐 아니라 먹이겠다고 애쓰는 엄마도 스트레스를 받아요. 아이에게 정말 중요한 게 무엇인지 생각해봐야 돼요.

밥을 먹는 게 중요한 것이 아니고, 탄수화물을 먹는 게 중요하죠. 밥을 안 먹으면 빵을 먹여서 탄수화물을 섭취시키면 돼요. 소고기를 안 먹으면 닭고기를 먹이면 되고, 닭고기를 안 먹으면 피넛버터를 먹이면 돼요. 피넛버터를 먹으면 단백질을 섭취할 수 있으니까요. 아이가 우유와 과일을 잘 먹으면 우유와 과일 위주로 식단을 구성해보세요. 우유나 요거트, 치즈 등의 유제품을 주재료로 한 요리들로 단백질과 칼슘을 섭취하게 하고, 잘 먹는 과일들로 비타민과 무기질을 섭취하게 하고, 밥 대신 탄수화물을 얻을 수 있는 식재료 중 아이가 잘 먹을 만한 것을 찾으면 돼요.

대신 당분 함량이 높은 가공식품은 되도록 주지 마세요. 과자나 청량음료 등의 가공식품을 끊고, 건강한 음식들로 주식과 간식을 구성하면 아이가 음식을 안 먹는다고 걱정할 필요가 없어요.

Q8. 아이용 조미료를 따로 마련해야 하나요?

A. 한국에서는 아이용 조미료를 마련한다고 들었어요. 아이에게 주는 것이라 더욱 깨끗하고 안전한 제품을 쓰고 싶어 하는 엄마의 마음을 잘 알기에 반드시 그래야 한다, 그럴 필요가 없다 하고 답을 내릴 수는 없어요.

미국에는 특별히 아기용 조미료라는 것이 존재하지도 않아요. 유아식을 조리할 때 사용하는 아이용 조미료는 소금과 간장 정도가 있는데 미국 엄마들도 아이들이 먹는 요리에는 소금 사용을 자제해요. 허브 향신료(오레가노, 바질, 파슬리, 고수잎 등)로 맛을 내거나 치즈를 넣어 간을 합니다. 간장을 사용하는 경우에는 저염 간장을 사용하는 정도예요.

한국에는 아이용 치즈도 따로 판매하는 걸 봤는데 미국에는 아이용 치즈라는 것도 없어요. 아마 한식은 모든 음식에 소금과 간장으로 간을 해서 나트륨을 줄인 아이용 치즈나 조미료가 따로 나오는 것 같아요. 소금 간을 해야 하는 요리라면 따로 조미료를 마련하기보다는 저염도의 조미료를 쓰면 좋을 것 같다는 생각이 듭니다.

Q9. 미국 유아식을 보니 지금껏 간식으로 먹여왔던 것들이 주식이에요. 미국의 아이들은 간식으로 무엇을 먹나요?

A. 미국식은 어른의 음식에서는 주식과 간식을 구분하지만 아이의 음식에서는 특별히 주식과 간식을 구분하지 않아요. 아이가 먹기 편하도록 핑거푸드로 만드는 음식들이 대부분이다 보니, 주식이 간식이 될 수 있고 간식이 주식이 될 수도 있거든요.

보통은 머핀이나 과일, 쿠키, 요거트 같은 것들을 간식으로 먹여요. 아이들이 먹고 기분이 좋아질 수 있는 달달한 간식으로는 쿠키나 젤리, 팝시클(막대 아이스크림) 등이 있어요. 이 책에도 Part 6에 아이들이 먹으면 기분이 좋아질 만한 간식 레시피들을 가득 담았으니 참고해주세요.

Q10. 주변 사람들이 미국 유아식을 보고 부실하다고 생각해요. 정말 미국 유아식을 먹여도 괜찮을

까요?

A. 저는 정말 너무너무 안 먹는 아이를 위한 레시피를 널리 알리고 싶은 마음에서 이 책을 쓰게 됐어요. 몸에 좋든 안 좋든 뭐라도 먹어주기만 하면 소원이 없겠다는 마음으로 육아를 하던 시절의 제 고민과 해결책이 비슷한 처지의 엄마들에게 도움이 되었으면 해요.

밥과 국, 반찬 2~3가지를 가지런히 식판에 담아주면 예뻐 보이고 영양소도 가득해 보이죠. 반면 밥과 국, 반찬이 없는 미국 유아식이 담긴 식판을 보면 제대로 된 한끼 식사처럼 보이지가 않아요. 게다가 우리가 평소에 간식으로 먹던 머핀이나 요거트, 과일, 팬케이크 같은 음식들이 식판에 담겨 있으니 당연히 제대로 된 식사처럼 보이지 않고 부실하게 느껴질 수 있어요.

하지만 미국 유아식을 시도해보고자 이 책을 펼친 엄마라면 분명 아이가 안 먹는 고충을 누구보다 잘 알 테고, 이런 간식 같은 식단이라도 아이가 잘 먹어준다면야 너무나 좋을 것 같다는 바람이 있을 거예요. 그렇다면 주변 사람들의 걱정해주는 듯한 말에 귀 기울지 마세요. 아이들은 저마다 성격이 다르듯 식성도 각각 달라요. 그리고 내 아이의 식성은 엄마인 내가 제일 잘 알아요. 내 아이가 좋아하는 음식으로 잘 먹이면 되는 거예요.

그리고 미국 유아식은 절대로 부실한 식단이 아니에요. 간식처럼 보이는 이 음식들은 실제로 미국의 아이들에게는 주식이고, 한식으로 얻는 영양소가 그대로 담겼어요. 미국 유아식의 식단으로도 한식으로 먹는 영양소를 빠짐없이 섭취할 수 있어요. 그러니 남들의 잘 차려놓은 화려한 식판에 기죽지 마세요. 내 아이가 안 먹으면 아무 소용없는 음식들이에요.

Part 2
미국 유아식을
꾸리는
기본 가이드

필수 영양소가 골고루 들어간
식단 구성하기

아이가 탄수화물과 단백질, 지방을 충분히 섭취하고 채소와 과일로 비타민과 무기질을 골고루 섭취하게 하려면 유아식을 구성하는 식단의 영양소부터 꼼꼼히 따져야겠죠? 꼭 필요한 영양소가 들어 있는 식품군과 식재료, 섭취량을 살펴보는 것은 물론 아이가 안 먹는 식재료의 영양소를 대체할 수 있는 방법도 함께 알아봐요.

성장기 아이에게 필요한 영양소

아이에게 꼭 필요한 3대 영양소는 탄수화물, 단백질, 지방이에요. 몸을 구성하고 활동할 수 있게 하는 중요한 에너지원이죠. 각각의 영양소가 어떤 역할을 하는지 구체적으로 알아보고, 3대 영양소 외에도 한참 성장하고 있는 아이에게 주어야 하는 중요한 영양소는 무엇인지 알아볼까요?

탄수화물
탄수화물은 뇌와 몸이 필요로 하는 에너지를 공급해요. 탄수화물이 부족해지면 몸 안에 저장된 포도당도 부족해져요. 그러면 뇌에 포도당을 공급해주기 어려워 집중력이나 이해력이 떨어집니다. 또한 탄수화물은 몸을 움직일 때 가장 많이 소모하는 영양소입니다. 그래서 탄수화물을 부족하게 섭취하면 우리 몸은 근육을 분해해 탄수화물을 만들어내요. 쉽게 말해, 근손실이 일어나게 되고 아이가 원하는 만큼 신체적 활동을 하지 못할 수 있어요.

단백질

단백질은 근육을 키우고 뼈와 장기, 피부, 머리카락을 만들어. 우리 몸의 모든 세포는 단백질로 구성되어 있어서 신체 활동을 하는 데 반드시 필요해요. 대뇌세포의 35%도 단백질로 구성된 만큼 단백질을 충분히 섭취하면 아이의 생각하는 능력과 기억력을 높여준답니다. 성장호르몬의 주성분이 되기도 해서 아이의 성장과 밀접한 관련이 있어요. 게다가 단백질은 면역을 담당하는 항체의 구성 성분이기 때문에 단백질이 부족해지면 면역 시스템이 무너지기도 하고, 체력이 약해지면서 심하면 빈혈이 올 수도 있다고 합니다.

지방

모든 세포를 구성하고 에너지를 제공하는 지방. 성장 발달에 꼭 필요한 지용성 비타민(A, D, E, K), 무기질을 흡수하려면 먹어야 할 영양소입니다. 체온을 유지하고 장기를 보호하는 역할도 하는 등 몸이 제대로 작동하도록 도와줘요. 특히 두뇌 발달과 시력에 영향을 주는 오메가-3도 불포화지방산의 한 종류이고, 다른 지방 역시 칼슘을 흡수하는 데 도움을 주기도 해요. 단, 적당량으로 양질의 지방을 먹는 것이 좋아요. 최대한 식재료 본연에 함유된 지방의 형태로 먹기를 추천합니다.

칼슘

무기질의 한 종류에 속하는 칼슘은 아이의 성장에 매우 중요한 영양소예요. 뼈와 근육의 성장은 물론이고, 두뇌와 신경세포의 정보 전달에 영향을 줘요. 그래서 칼슘이 부족해지면 대뇌가 안정되지 않고 신경세포가 지나치게 흥분해서, 집중력과 기억력이 떨어지고 피로감을 자주 느끼게 돼요. 칼슘은 우유나 요거트, 치즈 등의 유제품과 두유, 콩류, 뼈째로 먹는 멸치나 뱅어포 같은 생선에 많이 들어 있어요. 단, 흡수율이 낮아 칼슘 섭취를 도와주는 다른 영양소가 함유된 식품과 함께 먹는 게 좋아요.

비타민

채소나 과일을 통해 얻을 수 있는 다양한 비타민은 두뇌 기능을 원활하게 만들어주고, 신경세포의 반응을 빠르게 만들어 머리를 맑게 해주는 등 많은 역할을 해요. 그중에서도 비타민 D는 앞서 설명했던 칼슘의 흡수율을 높이는 역할을 한답니다. 비타민 D가 없으면 칼슘이나 무기질이 흡수되지 않아 성장이 더뎌져요. 면역력을 높여주기도 하고 피로와 스트레스를 해소하는 데도 큰 도움을 주니 비타민이 들어 있는 채소와 과일을 꼭 먹도록 해요.

필수 영양소와 1일 섭취량

유아식을 시작한 만 1~3세의 아이들은 하루에 1,000~1,400칼로리를 섭취해야 돼요. 우리 아이가 어떤 식재료를 얼마만큼 먹어야 충분히 영양소를 섭취할 수 있는지 오른쪽의 표를 보면 쉽게 알 수 있어요. 각각의 필수 영양소가 함유된 일상적인 식재료와 1일 섭취량도 함께 정리했으니, 표를 참고해 필수 영양소가 골고루 들어간 균형 잡힌 식단을 구성해보세요!

★ 만 1~3세 아이의 1일 필요 열량은 몸무게 1kg당 90~100칼로리, 만 3~8세 아이의 1일 필요 열량은 몸무게 1kg당 80~90칼로리예요.

식품군과 영양소	1일 섭취 횟수	식재료와 섭취량
곡류 (탄수화물)	3~6회	• 슬라이스된 식빵 1/4~1/2조각 • 쌀 · 퀴노아 1/4컵 • 파스타 · 국수류 1/4컵 • 씨리얼 1/3컵 • 크래커 2~3조각 • 미니 머핀 1~2개 • 미니 베이글 1/2개
어육류 및 콩류 (단백질)	2회	• 조리된 소고기 · 돼지고기 · 닭고기 · 생선 · 두부 약 30g • 햄 2~4조각 • 달걀 1/2~1개 • 완두콩 · 렌틸콩 2큰술 • 햄프씨드 · 치아씨 · 아마씨 1작은술
유제품 (단백질, 칼슘)	2~3회	• 우유 1/2컵 • 요거트 1/4~1/2컵 • 치즈 1장 • 코티지치즈 1/4~1/2컵 • 막대 치즈 1/2~1개
유지류 (지방)	2~3회	• 아보카도 1큰술 • 버터 1작은술 • 아보카도 오일 · 올리브 오일 1~3작은술
채소류 (비타민, 무기질)	2~3회	• 조리된 채소(당근, 브로콜리, 시금치, 그린빈 등) 1~4큰술 • 오이 1~4큰술 • 토마토 슬라이스 1조각 • 토마토소스 1~2큰술
과일류 (비타민, 무기질)	2~3회	• 사과 · 바나나 1/2개 • 포도 슬라이스 1/2컵 • 베리류(딸기, 블루베리, 라즈베리, 블랙베리) 1/2컵 • 귤 1개 • 키위 1/2~1개 • 망고 1/4~1/2컵 • 건과일 2큰술

식단 구성 예시

영양소별, 식품군별로 식재료를 선택한 후 1회 섭취량을 한끼당 제공하는 식으로 식단을 구성합니다.

영양소별 식품군	아침	점심	저녁	간식 1	간식 2
곡류 (탄수화물)	씨리얼 1/3컵	미니 머핀 1개	밥 1/2컵	크래커 2조각	식빵 1/2조각
어육류 및 콩류 (단백질)		치킨 스테이크 30g	연어구이 30g		
유제품 (단백질, 칼슘)	우유 1/2컵			요거트 1/4컵	
유지류 (지방)		치킨스테이크 조리할 때 오일 사용	연어구이 조리할 때 오일 사용		
채소류 및 과일류 (비타민, 무기질)	사과 1/2개	브로콜리 2큰술, 당근 2큰술	그린빈 1큰술, 방울 토마토 2개, 망고 1/4컵		딸기 2~3개

★ 이렇게 식단을 구성하면 끼니마다 탄수화물, 단백질, 지방뿐 아니라 비타민과 무기질까지 골고루 갖춘 균형 있는 1일 식단이 됩니다.

★ 1일 식사 섭취 횟수가 3회 이상인 경우 간식을 한 번만 줘요. 아이가 간식을 더 먹고 싶어 하면 간식의 1회 섭취량을 줄이고 그만큼 간식을 주는 횟수를 늘려요.

★ 지방은 굽거나 튀기는 조리 과정을 통해 섭취할 수 있습니다.

★ 씨앗과 콩은 밥에 섞어서 조리하거나 요거트나 잼 등에 섞어서 주면 섭취하기 쉬워요.

채소를 안 먹는 아이를 위한 대체 과일

유독 채소를 먹기 싫어하는 아이들을 위해서는 채소의 영양소를 과일로 대신해주세요. 엄마도 아이도 스트레스받지 않게 될 거예요.

아이가 안 먹는 채소	섭취할 수 있는 영양소	대체할 수 있는 과일
당근	← 비타민 A →	망고, 멜론
피망	← 비타민 C →	딸기, 오렌지, 귤
시금치	← 비타민 K →	키위
완두콩, 브로콜리	← 섬유질 →	사과, 바나나, 오렌지

★ 대체 과일로 필요한 영양소를 채워주면서 안 먹는 채소를 극소량이라도 꾸준히 식판에 놓아주세요. 먹지 않는 것과 먹을 기회가 없는 것은 다르니까요.

식사 구성의 예

아침 식사

★ 아이가 손으로 집어먹기 좋은 핑거푸드

★ 모양 커터를 활용해 음식에 대한 흥미 유발하기

★ 채소를 대신할 과일 풍부하게 곁들이기

초콜릿치아씨푸딩

단백질(요거트), 칼슘&철분&마그네슘&식이섬유(치아씨),

철분&단백질(카카오파우더)

블랙베리

비타민 C, 비타민 A, 철분, 칼슘

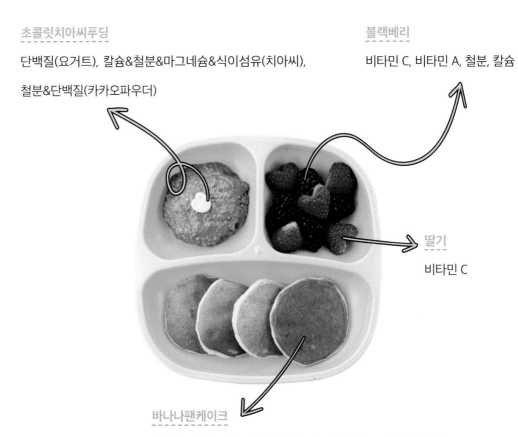

딸기

비타민 C

바나나팬케이크

단백질(달걀), 탄수화물(밀가루 또는 쌀가루), 무기질(바나나)

점심 식사

★ 잘 먹는 음식과 안 먹는 음식을 함께 구성, 안 먹는 음식은 소량 제공(당근)

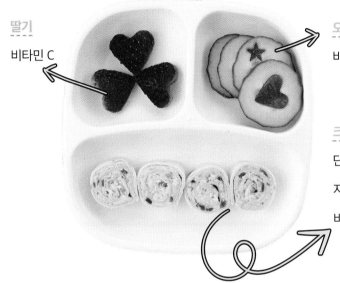

딸기

비타민 C

오이

비타민 C

크림치즈치킨타코롤

단백질(닭고기), 탄수화물(또띠아),

지방(크림치즈), 칼슘(체다치즈),

비타민 C&비타민 A(피망)

저녁 식사

★ 잘 먹는 음식과 새로운 음식을 함께 구성, 새로운 음식은 소량 제공(아보카도)

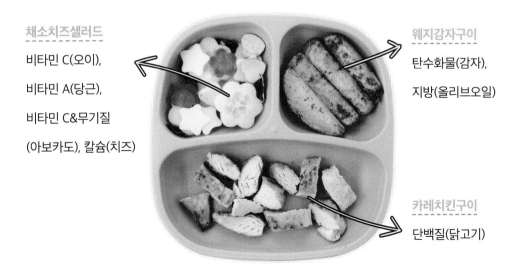

채소치즈샐러드

비타민 C(오이),

비타민 A(당근),

비타민 C&무기질

(아보카도), 칼슘(치즈)

웨지감자구이

탄수화물(감자),

지방(올리브오일)

카레치킨구이

단백질(닭고기)

새로운 식재료(노랑 피망)를 소개할 때

★ 모양 커터를 이용해서 흥미 유발

★ 잘 먹는 음식(오이)과 함께 소개, 새로운 식재료는 소량 제공(아이가 시도해보기에 부담 없는 양을 주고, 안

　먹어도 엄마가 속상하지 않게)

노랑 피망

비타민 C &

비타민 A

우리 아이 건강을 위한
홈메이드 잼과 소스, 드레싱

엄마표 잼과 소스, 드레싱을 함께 만들어봐요. 영양 성분 표시가 되어 있어도 그대로 믿기 찜찜한 시판 제품보다 훨씬 건강하게 먹을 수 있어요. 제철 과일이나 많이 남은 식재료로 잼과 소스, 드레싱을 만들면 빵에 발라서 가볍게 한끼를 대신할 수 있고, 잘 안 먹는 채소 위에 뿌려주거나 요거트에 넣어주는 등 다양한 방법으로 활용하기 좋답니다.

5분 완성! 노슈거 라즈베리잼

시판잼에는 설탕이 많이 들어 있어서 아이들에게 먹이기가 꺼려져요. 하지만 설탕 없이 만든 엄마표 라즈베리잼이라면 얼마든지 안심하고 먹일 수 있겠죠? 한 번 만들어두면 요거트에 섞어주거나 빵에 발라주고, 쿠키와 과일에 올려줄 수 있는 활용도가 높은 잼이에요.

재료

· 라즈베리 1컵
· 치아씨 1큰술
· 아가베시럽(또는 메이플시럽)
  1큰술

만드는 방법

1. 냄비에 깨끗이 씻은 라즈베리를 담고 포크로 으깬다.
2. 중간 불에 냄비를 올리고 끓인다.
3. 거품이 올라오기 시작하면 아가베시럽을 넣고, 점성이 생길 때까지 저어가며 5분 정도 졸인다.
4. 불을 끈 뒤 치아씨를 넣고 잘 섞는다.

엘리's Tip
* 식으면 잼이 끈적한 젤리 형태가 돼요. 그러니 너무 오래 졸이지 않도록 주의해요.
* 잼은 차갑게 식힌 다음 냉장고에 넣고 일주일까지 보관할 수 있어요.

싱그러움이 듬뿍! 풋콩과카몰리

과카몰리는 으깬 아보카도에 라임즙과 양파, 고수잎을 더해 만든 멕시코 음식이에요. 또띠아에 넣어 먹거나 채소나 나초 칩을 찍어 먹죠. 단백질과 철분, 비타민이 풍부한 풋콩을 넣어 영양 가득한 과카몰리를 완성했어요. 퀘사디아 요리나 크림치즈치킨타키토스(226쪽), 크림치즈치킨타코롤(154쪽)에 곁들여보세요.

재료

· 아보카도 1/2개
· 삶은 풋콩(또는 냉동
  풋콩) 1/4컵
· 다진 양파 1큰술
· 다진 고수잎(또는 파슬리)
  1/2큰술
· 라임즙(또는 레몬즙)
  1큰술
· 갈릭파우더 1꼬집

만드는 방법

볼에 모든 재료를 넣고 덩어리지지 않도록 잘 으깨며 섞는다.

엘리's Tip * 생풋콩은 끓는 물에 20분 정도 삶아 으깨기 좋은 상태로 만든 뒤 요리해요.

요거트 드레싱 3종

채소를 찍어 먹거나 샐러드와 섞어 먹으면 더욱 맛이 좋아지는 드레싱이에요. 요거트를 베이스로 만들어서 자극적이지 않으면서도 각각의 드레싱의 풍미가 잘 살아 있어요. 드레싱에 어울리는 채소나 음식과 함께 먹으면 훨씬 더 깊고 다양한 맛을 느낄 거예요. 모든 재료를 섞기만 하면 간단하게 완성되니, 휘리릭 드레싱을 만들어보세요!

요거트허니머스터드드레싱 재료

· 그릭요거트(또는 플레인요거트) 2큰술

· 옐로우 머스터드 1큰술

· 꿀(또는 아가베시럽, 메이플시럽) 1큰술

요거트아보카도드레싱 재료

· 으깬 아보카도 2큰술

· 그릭요거트(또는 플레인요거트) 2큰술

· 레몬즙 1큰술

요거트랜치드레싱 재료

· 그릭요거트(또는 플레인요거트) 2큰술

· 레몬즙 1큰술

· 갈릭파우더 1꼬집

· 어니언파우더 1꼬집

요거트허니머스터드드레싱

요거트아보카도드레싱

요거트랜치드레싱

유아식에 사용한
식재료와 양념, 계량

미국 유아식 레시피에는 쉽게 구할 수 있는 식재료와 양념을 사용했어요. 한국에서도 대형 마트나 인터넷 쇼핑몰 등에서 판매하는 식재료와 양념으로 조리할 수 있도록 특히 신경 썼답니다. 조리도구는 계량컵과 계량스푼을 사용해야 돼요. 그래야 식재료의 양을 가늠하기 편하고, 빠르게 요리할 수 있어요. 또 레시피와 동일한 맛을 낼 수 있고, 요리할 때마다 음식의 맛이 달라지는 일도 없답니다.

식재료와 양념

갈릭파우더

양식에서도 마늘은 빠질 수 없는 향신료예요. 식감에 예민한 아이에게는 생마늘의 향과 식감이 자극적이게 느껴질 수도 있기 때문에 마늘 향에 친숙해지도록 갈릭파우더를 많이 사용해요. 향과 맛을 내기 위해 반드시 생마늘을 사용해야 하는 요리들도 있지만 대부분의 요리에서는 갈릭파우더로 대체할 수 있어요. 덕분에 마늘을 손질하거나 다지는 등의 복잡한 조리 과정이 없어 바쁜 엄마에게 아주 유용하죠.

어니언파우더

갈릭파우더와 비슷한 역할을 해요. 아이에게 자칫 자극적으로 느껴질 수 있는 양파의 매운 맛과 식감을 완화시켜주면서 맛과 향은 그대로 낼 수 있게 하는 향신료예요.

생강파우더

생강즙이나 다진 생강 대신 1~2꼬집 정도 사용하면 되는 향신료랍니다. 아주 간편하게 생강의 향과 맛을 낼 수 있어요.

오레가노

오레가노는 토마토가 들어간 요리의 풍미를 높일 때 자주 사용해요. 토마토를 주재료로 한

스파게티소스나 피자소스에 넣으면 좋아요. 건조된 잎 형태와 가루(파우더) 형태가 있어서 요리에 따라 다르게 사용하지만 이 책에서 소개하는 레시피에서는 잎 형태와 가루 형태를 서로 대체해서 사용할 수 있어요.

바질

바질은 샐러드 재료나 바질 페스토의 주재료로 사용돼요. 대부분의 요리에는 생바질을 넣어야 하지만 수프나 향을 가미하기 위한 요리에는 건조된 잎을 넣어서 요리해도 좋아요.

세이지파우더

세이지의 잎은 독특한 향이 나는 향신료예요. 고기의 누린내를 잡아주고, 산뜻한 향을 더해줘요. 그래서 홈메이드 소시지를 만들거나 아이들이 좋아하는 함박스테이크 등의 고기 요리를 만들 때 넣기 적합해요.

파슬리

파슬리는 다양한 요리에서 색감을 더하려고 할 때 사용해요. 생파슬리를 넣으면 신선해 보이고 색감도 선명해서 요리가 예뻐지지만 건조된 파슬리가루를 사용해도 무방해요. 단, 파슬리가루를 장식용으로 뿌리는 용도가 아니라 생파슬리를 대신하는 요리 재료로 넣을 때는 사용량을 절반으로 줄여야 해요. 건조된 파슬리가루가 음식의 수분을 흡수하면 양이 늘어나기 때문이에요.

갈릭파우더

어니언파우더

생강파우더

오레가노파우더

건조 오레가노

건조 바질잎

세이지파우더

건조 파슬리

소스

1. 바비큐소스

구운 소고기, 돼지고기, 닭고기에 바르거나 찍어 먹는 소스로 사용돼요. 등갈비나 소갈비 등을 에어프라이어에 구운 후 바비큐소스를 발라서 내놓아도 좋고, 익힌 닭가슴살을 잘게 찢어 바비큐소스에 버무리면 또띠아에 넣는 퀘사디아의 속재료가 되는 등 활용도가 높아요.

2. 토마토소스

파스타의 기본이 되는 소스예요. 토마토가 가장 잘 무르익었을 때 수확한 다음 가공해 만든 소스이기 때문에 집에서 만드는 토마토소스로는 내기 힘든 진한 색감과 깊은 맛이 담겨 있어요. 그래서 파스타를 만들 때 홈메이드 토마토소스와 섞어서 사용하거나 시판용 토마토소스에 약간의 양념만 더 추가해서 파스타를 만들어요.

바비큐소스

토마토소스

육수

1. 치킨스톡

치킨스톡은 닭의 뼈를 5~6시간 동안 뭉근히 끓여 만들었기 때문에 깊은 국물 맛을 낼 때 사용해요. 대부분의 국물 요리에서 기본 육수로 쓰기 좋답니다. 유아식에 넣을 때는 무염 치킨 스톡unsalted chicken stock을 선택해요.

2. 치킨브로스

닭의 고기 부분과 향신료들을 섞어서 1~2시간 동안 끓여낸 육수예요. 이미 맛과 향이 들어 있어, 풍미를 살리면 좋은 국물 요리나 수프 요리에 사용하기 적당해요. 간이 되어 있는 경우가 많기 때문에 유아식의 식재료로 사용할 때에는 저염 치킨브로스low sodium chicken broth를 넣어요.

★ 이 책에 소개된 레시피의 치킨스톡과 치킨브로스는 서로 대체해서 사용해도 돼요.

치킨스톡

치킨브로스

치즈

1. 슈레드 파마산치즈

파마산치즈는 단백질 함량이 가장 높은 치즈예요. 하지만 유당 함량은 낮아서 유당 불내증 때문에 유제품을 소화시키지 못하는 아이들도 안전하게 먹을 수 있죠.

2. 파마산치즈가루

파마산치즈를 곱게 가루 형태로 만든 것으로, 파스타에 넣는 크림소스를 만들 때 많이 사용해요. 생크림에 파마산치즈가루를 넣으면 고소함과 부드러움이 돋보이는 크림소스를 만들 수 있어요.

3. 슈레드 체다치즈

파마산치즈 다음으로 단백질 함량이 높은 치즈예요. 고소한 향과 짭짤한 맛 덕분에 여러 요리의 재료로 사용돼요.

4. 슈레드 모차렐라치즈

녹으면 길게 쭈욱 늘어나고 쫄깃쫄깃한 식감이 나서 아이들이 참 좋아하는 치즈예요. 주로 피자의 토핑 재료로 사용됩니다.

★ 슈레드 치즈는 채친 형태의 치즈예요. 한국에서는 슬라이스 형태의 치즈가 일반적으로 사용되지만 계량하기가 힘들고 요리나 반죽에 넣을 때 섞기 힘들어서 잘게 채친 형태의 슈레드 치즈를 사용해요.

파마산치즈가루 ←

064

1. 롤드 오트(올드 패션 오트)

껍질을 제거한 귀리를 가볍게 찌거나 볶은 뒤 납작하게 눌러서 말린 형태. 한 번 조리가 된 상태이므로 비교적 조리 시간이 짧고 식감이 부드럽다는 장점이 있어요. 뜨거운 물이나 우유, 두유 등을 부어서 불려 먹어요.

2. 퀵 오트

롤드 오트와 가공 과정은 동일하지만 훨씬 더 납작하게 누른 형태예요. 이름 그대로 '퀵'! 롤드 오트보다 조리 시간이 훨씬 짧아 더욱 간편하게 요리할 수 있어요. 물이나 우유에 불리면 죽처럼 부드러운 식감이 돼요.

★ 오트밀Oatmeal은 오트, 다시 말해 귀리를 가공한 식품이에요. 가공 방법에 따라 여러 종류로 나뉘기 때문에 레시피마다 사용하는 오트가 달라요. 크게 스틸컷 오트, 롤드 오트, 퀵 오트로 구분할 수 있고, 구입할 때 용도에 맞게 골라요. 이 책에서는 주로 롤드 오트와 퀵 오트로 요리했어요. 롤드 오트와 퀵 오트는 서로 대체해서 사용할 수 있어요.

★ 인스턴트 오트는 퀵 오트에 설탕과 여러 가지 첨가물을 넣고 가공해, 물만 부어 바로 먹을 수 있도록 만든 제품이에요. 건강을 위해서 되도록 첨가물이 들어 있는 인스턴트 오트를 피해요.

롤드 오트

퀵 오트

피넛버터

피넛버터는 단백질이 풍부할 뿐 아니라 필수 비타민과 미네랄도 함유하고 있어, 유아식에 아주 많이 사용돼요. 하지만 일부 피넛버터는 맛을 위해 설탕, 염분 등 첨가물이 들어가기도 해요. 유아식 식재료로는 첨가물이 들어있지 않는 100% 피넛버터를 사용하는 게 좋답니다. 제품 뒷면의 성분표를 확인해 땅콩 외에 다른 첨가물이 들어있는지 확인해요.

메이플시럽

단풍나무 수액을 졸여서 만든 시럽이에요. 천연 시럽이라 유아식에 사용하기 안전하죠! 풍부한 단맛이 나서 설탕 대용으로 써요. 단맛을 내기 위해 첨가물을 넣은 시럽도 있으니, 성분표를 보고 '100% 메이플시럽' 또는 '퓨어 메이플시럽'이라고 써진 제품을 선택해요.

이 책에 사용된 꿀과 아가베시럽은 메이플시럽으로 대체해도 좋아요. 특히 12개월 미만인 아기용 음식을 만들 때는 꿀을 주의해요. 보툴리누스균에 감염될 위험성이 있기

때문이에요. 이 균은 항체가 만들어지기 전의 아기들에게 변비나 근육 마비 등을 일으킬 수 있어요. 따라서 어린 아기용 요리에는 꿀 대신 메이플시럽이나 아가베시럽을 사용하길 권합니다.

계량과 도구

계량컵의 용량

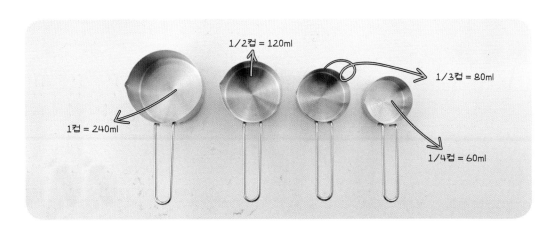

1/2컵 = 120ml

1/3컵 = 80ml

1컵 = 240ml

1/4컵 = 60ml

계량스푼의 용량

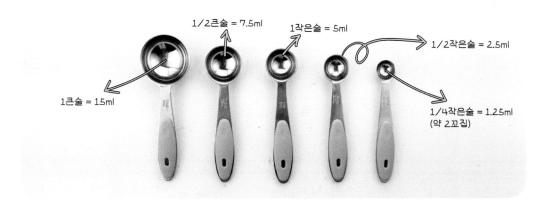

1/2큰술 = 7.5ml

1작은술 = 5ml

1/2작은술 = 2.5ml

1큰술 = 15ml

1/4작은술 = 1.25ml
(약 2꼬집)

재료의 종류에 따른 계량법

가루류 계량법

계량컵에 가루 재료를 가득 담은 후 윗면을 평평하게
깎아요.

액체류 계량법

계량컵에 액체 재료를 가득 부어요.

채소류 계량법

재료를 손질한 다음 계량컵이나 계량스푼에 담아 윗면
을 평평하게 만들어요.

★ 모든 재료는 잘게 썰거나 다진 형태로 만들어서 계량하는 것을 기준으로 해요. 그래야 번거롭게 저울을 사

   용하며 g을 재지 않아도 되고, 계량이 간편하고 빨라져요.

★ 잘게 썰거나 다지기 힘든 고체 형태의 버터는 1큰술을 14g으로 계량해요.

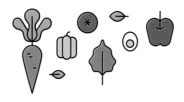

모양 커터

쿠키를 만들 때 사용하는 모양 커터는 유아식을 준비할 때도 사용해요. 채소와 과일을 모양 커터로 잘라서 예쁘고 재미있는 모양으로 식판에 담아주면 식재료에 대한 호기심과 흥미가 높아져요. 다양한 크기와 모양의 모양 커터를 사용해 아이와 함께 식사 준비를 해도 좋고요. 별 모양, 하트 모양, 꽃 모양은 가장 많이 활용되는 기본 아이템이에요.

Part 3
입맛 없는 아침에
좋은 메뉴

오버나이트 요거트오트밀

전날 밤 준비해두고 아침에 바로 먹기만 하면 되는 메뉴예요. 레시피는 간단하지만 영양은 간단하지 않아요! 단백질과 식이섬유가 풍부하죠. 게다가 요거트에 불린 오트밀은 부드러우면서도 쫄깃한 식감이 살아 있어 아이들의 입맛을 팍팍 돋아준답니다.

재료

· 롤드 오트(또는 퀵 오트)

  1/2컵

· 우유 1/2컵

· 그릭요거트 1컵

· 아가베시럽 1큰술

· 바닐라 익스트랙 1작은술

  (생략 가능)

토핑 재료

· 바나나 1/4개

· 블루베리 3~4개

· 라즈베리 2개

만드는 방법

1. 볼에 모든 재료를 넣고 잘 섞은 후 냉장고에 넣어 6시간 이상 오트를 불린다.

2. 잘게 썬 블루베리나 라즈베리, 바나나를 토핑한다.

오버나이트 베리달콤오트밀

조리가 간단할 뿐 아니라 건강한 식재료로 만드는 오트밀은 아침 식사로 딱이죠. 하지만 아이들
은 오트밀의 식감이나 맛에 익숙하지 않아서 거부할 수도 있어요. 그럴 때는 과일을 더해 스무디
로 만들어서 줘보세요. 거부 반응 없이 잘 먹을 거예요!

재료

· 롤드 오트 1/2컵

· 바나나 1개

· 딸기 4개

· 블루베리 1/2컵

· 치아씨 1큰술

· 코코넛밀크 3/4컵

만드는 방법

1. 블렌더에 모든 재료를 넣고 퓨레 상태로 간다.

2. 냉장고에 넣어 6시간 이상 불린다.

1

엘리's Tip
· 딸기 대신 같은 분량의 라즈베리(1/2컵)를 넣어도 맛있어요.

· 코코넛밀크 대신 우유나 두유, 아몬드밀크를 넣어도 좋아요.

바나나오트죽

죽을 만들려면 쌀을 불리고, 재료를 썰고, 끓이며 젓는 과정이 복잡하기 때문에 부담스럽죠. 바나나오트죽은 5분이면 뚝딱 끓여낼 수 있어요. 아이의 아침 메뉴로도 좋고, 온가족이 함께 먹기에도 좋아요. 중기 이유식을 시작한 아기들도 먹을 수 있답니다.

재료

· 롤드 오트 1/2컵

· 바나나 1개

· 코코넛밀크 1컵

· 견과류 · 건과일 약간

만드는 방법

1. 껍질을 깐 바나나를 포크로 으깬다.

2. 냄비에 롤드 오트와 코코넛밀크를 넣고, 끓기 시작하면 으깬 바나나를 넣는다. 뭉치지 않게 잘 섞은 뒤 바로 불을 끈다.

3. 견과류나 건과일을 토핑으로 올린다.

엘리's Tip — 치아씨, 아마씨, 해바라기씨 등 각종 견과류 또는 건포도나 건크렌베리 등 좋아하는 건과일을 토핑으로 활용해요.

브랙퍼스트팝씨클

아침밥을 안 먹겠다는 아이와 빈속에 어린이집에 못 보내겠어서 뭐라도 먹이려는 엄마의 실랑이, 다들 한 번씩은 겪어봤죠? 그럴 때 짜잔 하고 내놓기 좋은 메뉴예요. 요거트와 생과일, 귀리를 한 꺼번에 먹일 수 있고, 아이들도 아이스크림 모양의 색다른 아침 식사에 깜짝 놀라요!

재료

· 퀵 오트(또는 롤드 오트)

　1/4컵

· 잘게 자른 키위 · 딸기

　2큰술씩

· 라즈베리 2큰술

· 블랙베리 2큰술

· 플레인요거트 1/2컵

· 꿀 1과 1/2큰술

만드는 방법

1. 볼에 플레인요거트와 꿀을 넣고 잘 섞는다.

2. 과일은 모두 잘게 썬다.

3. 아이스크림 틀에 ①을 1~2큰술 붓는다. 과일과 퀵 오트, ①의 순
　서를 반복해 틀을 채운 뒤 가장 마지막에 ①을 붓는다.

4. 아이스크림 막대를 끼우고 냉동실에 넣어 6시간 이상 얼린다.

3-1

3-2

4

엘리's Tip　× 꿀 대신 메이플시럽이나 아가베시럽을 넣어도 좋아요.

　　　　　　× 좋아하는 제철 과일로 다양하게 응용해요.

　　　　　　× 오이나 당근을 모양 커터로 찍어 1~2개 넣어도 좋아요. 단, 채소를 친
　　　　　　　근하게 소개해야 되니 극소량만 넣어요.

피넛버터젤리샌드위치

미국 아이들이 사랑하는 메뉴! 단백질이 함유된 피넛버터와 젤리라고도 부르는 잼만 있으면 완성이에요. 고소하고 달콤한 피넛버터를 바른 식빵에 엄마가 직접 만든 라즈베리잼을 더해 더욱 맛있는 아침 식사를 만들어보세요.

재료

· 식빵 2장

· 피넛버터 1큰술

· 홈메이드 라즈베리잼
  1큰술(56쪽)

만드는 방법

1. 식빵의 테두리를 잘라내고 4등분하여 한입 크기로 자른다.

2. 잘라낸 식빵 두 쪽은 모양 커터로 찍어낸다.

3. 모양 커터로 잘라낸 부분을 다시 끼워 맞춘 후 피넛버터를 골고루 펴 바른다. 다른 쪽 식빵에는 홈메이드 라즈베리잼을 펴 바른다.

4. 끼워 맞춘 부분을 떼어내고, 피넛버터와 라즈베리잼이 맞닿게 식빵을 포갠다.

엘리's Tip · 피넛버터는 되도록 첨가물 없이 땅콩만 들어 있는 유기농 제품을 사용해요.

바나나프렌치토스트

바나나프렌치토스트는 시럽이나 설탕을 전혀 넣지 않고 바나나의 단맛만으로 달콤함을 살린 레시피예요. 향긋한 바나나의 향과 달달한 맛 덕분에 입맛 없는 아침에도 아이들이 깨끗하게 그릇을 비운답니다.

재료

· 식빵 3장

· 달걀 1개

· 바나나 1개

· 버터(또는 올리브오일)
  1/2큰술

· 우유 1큰술

만드는 방법

1. 식빵은 모양 커터로 찍어내거나 먹기 좋게 한입 크기로 자른다.

2. 껍질을 깐 바나나를 포크로 으깬다.

3. 볼에 으깬 바나나와 달걀, 우유를 넣고 잘 섞어 달걀물을 만든다.

4. 달걀물에 식빵을 앞뒤로 적신 후 버터를 녹인 팬에 중간 불로 노 릇노릇하게 굽는다.

엘리's Tip
× 검은 반점이 생긴 바나나를 사용하면 훨씬 더 맛있어요.
× 모양 커터로 빵을 찍어내 다양한 모양으로 만들어주면 아이들이 즐거 워해요.

딸기크림치즈토스트롤

프렌치토스트의 응용 버전인 토스트롤을 소개합니다. 딸기와 크림치즈 덕분에 상큼함이 입 안 가득 맴돌아요. 또한 아이들이 손으로 잡고 먹기 쉬운 핑거푸드라 아침 식사 시간이 훨씬 간편하고 즐거워져요.

재료

· 식빵 3장

· 달걀 1개

· 딸기 4~5개

· 크림치즈 3큰술

· 우유 1작은술

· 올리브오일 약간

만드는 방법

1. 밀대로 식빵을 밀어 납작하게 만든다.

2. 볼에 달걀과 우유를 넣고 잘 섞어 달걀물을 만들고, 딸기는 잘게
   자른다.

3. 크림치즈를 식빵에 절반 정도 펴 바른 뒤 딸기를 적당량 올리고
   김밥을 말듯이 돌돌 말아준다.

4. 식빵을 달걀물에 골고루 적신 후 올리브오일을 두른 팬에 중간
   불로 노릇노릇하게 굽는다.

1

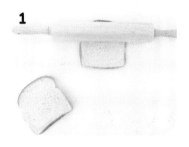

3

4

엘리's Tip
· 크림치즈는 사용하기 20분 전에 실온에 꺼내 놓으면 부드럽게 잘 펴
  바를 수 있어요.
· 식빵 대신 또띠아를 사용해도 좋아요.

치즈스크램블드에그

몽글몽글 부드러운 식감이라 입이 껄끄러운 아침에도 먹기에 부담 없는 메뉴예요. 달걀과 치즈로 양질의 단백질을 담아냈고 밥이나 빵, 고구마 같은 탄수화물 식재료와 과일을 곁들이면 영양소를 섭취하는 데 부족함이 없죠.

재료

· 달걀 1개

· 버터 1작은술

· 슈레드 체다치즈 2큰술

· 우유 1큰술

만드는 방법

1. 볼에 달걀과 우유를 넣고 잘 섞어 달걀물을 만든다.

2. 중약 불로 달군 팬에 버터를 녹이고 달걀물을 붓는다. 슈레드 체다치즈를 올린 후 5초 뒤에 숟가락으로 부드럽게 젓는다.

3. 몽글몽글하게 익으면 불을 끈다.

엘리's Tip

· 조리 시간이 길면 달걀이 단단해지고 수분기가 날아가서 맛과 식감이 떨어져요. 부드러운 상태일 때 볼에서 내려요.

· 양파나 당근, 브로콜리 등의 채소를 추가하면 더욱 영양가 높은 식사가 돼요.

무지개달걀컵

무지개 색깔의 여러 가지 채소를 담아 아이들의 눈을 즐겁게 만들어주세요. 맛과 영양, 재미까지 잡은 레시피예요. 무지개 색깔을 찾아보고, 그 색깔의 채소 이름 맞추기 놀이를 하면서 먹으면 더욱 즐거운 식사 시간이 되겠죠?

재료

- 또띠아 6장
- 다진 햄 2큰술
- 달걀 2개
- 다진 당근 2큰술
- 다진 적양파 2큰술
- 다진 빨강 피망
  2큰술
- 잘게 썬 브로콜리 2큰술
- 옥수수 2큰술
- 슈레드 체다치즈 1/3컵
- 우유 1큰술

만드는 방법

1. 볼에 달걀과 우유를 넣고 잘 섞어 달걀물을 만든다.
2. 또띠아는 머핀 틀이 덮일 정도의 크기로 동그랗게 자른 뒤 컵 모양으로 머핀 틀에 넣는다.
3. 또띠아에 슈레드 체다치즈를 조금씩 나눠 담고, 달걀물을 절반 높이까지 붓는다. 다진 햄과 채소들을 올린다.
4. 170도로 예열한 오븐에서 20~23분간 굽는다.

단호박데빌드에그

영양이 알차게 담긴 삶은 달걀을 먹이고 싶지만 노른자의 퍽퍽한 식감 때문에 아이들이 잘 먹지
않고 피할 때가 종종 있어요. 그래서 생각해낸 필살 레시피예요! 노른자의 퍽퍽한 식감을 부드럽
게 만들고, 단호박을 섞어 단맛을 더했어요.

재료

· 삶은 달걀 4개

· 당근 약간

· 으깬 단호박 1/4컵

· 우유 2큰술

· 검은깨 8개

만드는 방법

1. 삶은 달걀의 중간 부분에 지그재그로 칼집을 넣어 흰자를 반으로 자르고, 노른자는 빼낸다.

2. 볼에 노른자와 으깬 단호박, 우유를 넣고 섞어 필링을 만든다.

3. 절반 분량의 흰자에 필링을 채우고 그 위에 나머지 분량의 흰자를 덮는다.

4. 삼각형으로 자른 당근과 검은깨로 눈과 입을 만들어 장식한다.

1

2

3

엘리's Tip

» 물이 끓어 오를 때 달걀을 넣어서 11분간 삶으면 노른자까지 완벽하게 익고, 껍질도 손쉽게 잘 까져요.

» 우유 대신 그릭요거트나 플레인요거트를 사용하면 새콤한 맛을 더할 수 있어요.

스페니쉬오믈렛

스페니쉬오믈렛은 미국의 스페인계 이민자들이 전한 아침 식사 메뉴입니다. 달걀과 감자, 양파를 주재료로 한 요리예요. 피자 모양으로 잘라서 한 조각만 먹어도 배불러요. 부드럽게 씹히는 오믈렛으로 간단하지만 포만감 있는 아침 식사를 해보세요.

재료

· 달걀 3개

· 감자(중간 사이즈) 1개

· 다진 적양파 1/4컵

· 다진 빨강 · 노랑 피망

  1/4컵씩

· 잘게 썬 브로콜리 2큰술

· 버터 1/2큰술

· 올리브오일 2큰술

만드는 방법

1. 감자는 반으로 잘라 0.5cm 두께로 썬 다음 찬물에 5분 정도 담근다. 냄비에 물을 붓고 감자를 넣어 센 불에서 10분간 부드러워질 때까지 삶는다.

2. 볼에 달걀을 넣고 잘 섞어 달걀물을 만든다.

3. 채소는 모두 버터를 녹인 팬에 볶는다. 적양파가 투명해지면 불을 끄고 접시에 덜어둔다.

4. 팬에 올리브오일을 두르고, 삶은 감자를 바닥에 깐다. 그 위에 볶은 채소를 펼치듯 올린다. 달걀물을 붓고 중간 불에서 익힌다.

5. 팬을 살짝 흔들었을 때 부드럽게 움직이면 뒤집어서 반대쪽도 노릇노릇해질 때까지 익힌다.

 엘리's Tip

· 감자를 너무 오래 삶으면 으스러지니 젓가락으로 찔렀을 때 부드럽게 들어갈 정도로 익혀요.

· 채소를 안 먹는 아이에게는 최대한 잘게 다진 양파만 넣어 요리해요. 잘 먹으면 점차 다른 채소를 조금씩 더해서 만들어요.

· 뒤집을 때 오믈렛을 팬에서 접시로 옮겨 담은 뒤 그 위에 팬을 뚜껑처럼 덮은 다음 접시를 뒤집으면 부서지지 않아요.

치즈해시브라운

한국에 감자전이 있다면 미국에는 해시브라운이 있죠! 바삭바삭한 해시브라운은 미국의 대표적인 아침 메뉴로 손꼽혀요. 해시브라운에 달걀과 체다치즈를 곁들여 영양이 완벽하고 속이 든든한 아침 식사를 만들어주세요.

재료

· 달걀 1개

· 감자(중간 사이즈) 1개

· 녹인 버터 1큰술

· 슈레드 체다치즈 1/4컵

· 밀가루 2큰술

· 올리브오일 약간

만드는 방법

1. 냄비에 물을 붓고 끓기 시작했을 때 감자를 넣고 7분간 삶는다.

2. 삶은 감자는 찬물에 헹궈 열기를 뺀 후 채칼로 가늘게 채 썬다.

3. 볼에 채 썬 감자와 달걀, 녹인 버터, 슈레드 체다치즈, 밀가루를 넣고 섞어 반죽을 만든다.

4. 팬에 올리브오일을 두르고, 반죽을 숟가락으로 떠 올린다. 중간 불에서 앞뒤로 바삭바삭하게 굽는다.

엘리's Tip ⊬ 감자를 삶는 시간을 꼭 지켜요. 감자가 너무 익으면 으스러지기 쉽고, 덜 익으면 채칼로 썰기 힘들어요.

⊬ 반죽을 센 불에서 익히면 겉만 타기 쉬워요.

그래놀라바이트

그래놀라에는 탄수화물과 단백질, 불포화지방산 등 필수 영양소가 골고루 담겨 있어요. 바쁜 아침의 한끼 식사로 전혀 부족함이 없답니다. 쫀득하고 바삭한 식감에 아이들이 정말 좋아해요. 씨앗류나 견과류, 건과일 등 좋아하는 재료들을 추가로 넣어보세요.

재료

· 롤드 오트 1컵

· 라이스 크리스피
(또는 쌀 · 곡물 뻥튀기)
1/2컵

· 해바라기씨 · 호박씨 ·
치아씨 · 건크렌베리
2큰술씩

· 피넛버터 1/2컵

· 꿀 2큰술

· 코코넛오일 1큰술

만드는 방법

1. 볼에 모든 재료를 넣고 골고루 섞는다.

2. 유산지를 깐 오븐 팬에 모양 커터를 올리고, ①을 꾹꾹 눌러 담은 후 흐트러지지 않도록 모양 커터를 조심히 뺀다.

3. 냉장실에 넣고 2시간 이상 굳힌다.

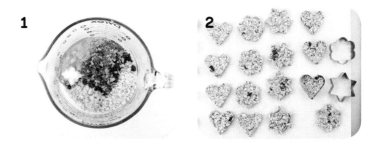

엘리's Tip
× 먹기 직전에 냉장실에서 꺼내고, 오래 보관하려면 냉동실에 넣어요.
× 모양 커터로 찍어낸 그래놀라바이트는 실온에 두면 부서지기 쉬우니,
외출할 때 들고 나가려면 공 모양으로 동그랗게 빚어요.

코코넛딸기그래놀라볼

오트와 견과류, 과일을 색다른 방법으로 즐길 수 있는 그래놀라볼. 영양이 풍부한 재료들로 만들어 미국에서는 '에너지볼'이라고 부르기도 해요. 그대로 먹어도 좋지만 요거트에 올려 먹으면 영양 밸런스가 완벽하답니다.

재료

· 롤드 오트 1/2컵

· 냉동 딸기 5~6개

· 해바라기씨 1/4컵

· 아몬드가루 1/4컵

· 코코넛오일 1큰술

· 코코넛채 1컵

만드는 방법

1. 블렌더에 코코넛채를 제외한 모든 재료를 넣고 간다.

2. 볼에 코코넛채를 넣고 펼친다.

3. ①을 1큰술씩 떠서 동그랗게 빚은 다음 코코넛채 위에 올려 굴린다.

엘리's Tip
» 냉동 딸기 대신 냉동 블루베리나 망고 등 다른 과일을 넣으면 다양한 색감과 맛의 그래놀라볼을 만들 수 있어요.

» 해바라기씨 대신 다진 호두나 피칸 등의 견과류를 활용해도 좋아요.

그래놀라생과일타르트

아침 식사의 단골 재료인 오트와 견과류, 요거트, 생과일을 한꺼번에 먹을 수 있는 색다른 레시피를 소개합니다. 맛있을 뿐 아니라 보기에도 예뻐서 특별한 날 디저트로 내놓아도 손색없는 메뉴랍니다.

재료

· 롤드 오트 1컵

· 키위 · 딸기 · 블루베리
  약간씩

· 다진 호두 1/2컵

· 치아씨 1작은술

· 해바라기씨 1큰술

· 플레인요거트 1컵

· 꿀 2큰술

· 코코넛오일 2큰술

· 시나몬파우더 1꼬집

만드는 방법

1. 볼에 플레인요거트와 과일을 제외한 모든 재료를 넣고, 뭉치지 않도록 잘 섞는다.

2. 머핀 틀에 ①을 2큰술씩 떠넣고 숟가락 뒷면으로 오목하게 눌러 타르트컵을 만든다.

3. 170도로 예열한 오븐에서 15~17분간 구운 다음 머핀 틀째로 식힌다.

4. 타르트컵을 조심스럽게 빼낸 뒤 플레인요거트를 채우고, 그 위에 키위와 딸기, 블루베리를 올린다.

엘리's Tip × 코코넛오일 대신 녹인 버터를 사용해도 풍미가 좋아요.

애플오트쿠키

과일이 한가득 들어가 말랑말랑하고 쫀득한 식감의 쿠키예요. 아이들의 아침 메뉴로도 좋고, 어린 아기들도 손에 쥐고 오물오물 먹을 수 있어서 후기 이유식 메뉴로도 좋아요. 외출할 때 챙겨 나가서 간식으로 먹어도 맛있답니다.

재료

· 롤드 오트 1/2컵

· 사과 1개

· 바나나 2개

· 건크렌베리 1/2컵

· 다진 호두 1/2컵

· 애플소스 1/4컵

· 아몬드가루 1/3컵

· 베이킹파우더 1/2작은술

· 시나몬파우더 1/2작은술

만드는 방법

1. 사과는 껍질을 벗긴 뒤 잘게 깍둑썰기한다. 중간 불로 달군 팬에 사과를 넣고, 수분을 날리듯 10분간 볶는다.

2. 볼에 껍질을 깐 바나나를 넣고 포크로 으깬 뒤 나머지 재료를 모두 넣고 섞어 반죽을 만든다.

3. 유산지를 깐 오븐 팬에 모양 커터를 올리고, 반죽을 1큰술씩 넣고 평평하게 눌러 담은 뒤 모양 커터를 뺀다.

4. 170도로 예열한 오븐에서 12~15분간 굽는다.

엘리's Tip · 건크렌베리 대신 건포도나 건자두 등 다양한 건과일을 넣어도 좋아요.

메이플스콘

아주 만들기 간단하고, 온가족이 함께 아침 식사로 즐기기 좋은 고소한 스콘이에요. 재료를 모두 섞어서 손바닥으로 납작하게 눌러주는 작업만 몇 번 하면 완성되는 간단한 레시피니까 바쁜 아침에 꼭 만들어보세요.

재료

· 다진 호두 1/3컵

· 건크렌베리 2큰술

· 버터 3큰술

· 두유 1/4컵

· 메이플시럽
  (또는 메이플슈가) 2큰술

· 레몬즙 1큰술

· 밀가루 1컵

· 아몬드가루 1/4컵

· 베이킹파우더 1/2큰술

만드는 방법

1. 볼에 밀가루와 아몬드가루, 베이킹파우더를 넣고 섞은 다음 차가운 버터를 넣고 포크로 몽글몽글해질 때까지 으깬다.

2. 다진 호두와 건크렌베리, 두유, 메이플시럽, 레몬즙을 넣고 가루가 보이지 않을 정도로 가볍게 섞어 반죽을 만든다.

3. 반죽을 손바닥으로 눌러 납작하게 만든 후 반으로 접는다. 이 과정을 5회 반복하며 반죽을 뭉친다.

4. 반죽을 손바닥으로 눌러 2cm 두께로 동글납작하게 만들고, 6등분한 다음 200도로 예열한 오븐에서 15분간 굽는다.

1

2

3

4-1

4-2

엘리's Tip
· 1번 과정을 블렌더로 하면 훨씬 간편해요.
· 조금 더 달콤한 스콘을 원하면 메이플시럽 1큰술과 설탕 1큰술을 추가해요.
· 두유 대신 우유나 코코넛밀크를 넣어도 맛있어요.

바나나디퍼

바나나는 포만감을 주고 여러 영양소가 골고루 담겨 있어 아침 식사로 제격이죠. 하지만 매일 그대로 먹는 바나나는 질릴 수 있어요. 그럴 때 만들기 좋은 바나나디퍼! 팬케이크가루로 만든 반죽에 바나나를 담갔다가 구워내기만 하면 되는 간단하지만 색다른 메뉴랍니다.

재료

· 바나나 2개

· 팬케이크가루 1/2컵

· 메이플시럽 약간

· 물 1/3컵

만드는 방법

1. 껍질을 깐 바나나는 가로로 자른 뒤 0.5cm 두께로 썬다. 볼에 팬케이크가루와 물을 넣고 잘 섞어 반죽을 만든다.

2. 볼에 바나나를 담가 반죽을 골고루 묻힌 후 달군 팬에 올려 앞뒤로 노릇노릇하게 굽는다. 접시에 담아 메이플시럽을 뿌린다.

1  **2**

엘리's Tip   물 대신 우유나 두유, 코코넛밀크, 아몬드밀크로 반죽하면 더욱 고소해요.

바나나팬케이크

냉장고에 있는 간단한 재료로 바쁜 아침에 후다닥 요리할 수 있는 팬케이크예요. 으깬 바나나를 반죽에 더해 향긋함과 부드러움을 더했어요. 만들기 쉬우면서 맛도 뛰어나 아이들이 잘 먹는 저희 집 단골 메뉴예요.

재료

· 달걀 2개

· 바나나 1개

· 아몬드가루 1/2컵

· 베이킹파우더 1/2작은술

· 올리브오일 약간

만드는 방법

1. 볼에 껍질을 깐 바나나를 넣고 포크로 으깬 다음 나머지 재료를 모두 넣고 섞어 반죽을 만든다.

2. 중간 불로 달군 팬에 올리브오일을 두르고 키친타월로 닦아낸다. 반죽을 1큰술씩 올려 앞뒤로 굽는다.

1

2

엘리's Tip
* 팬에 기름을 두르고 한 번 닦아낸 다음 반죽을 올리면 예쁜 모양으로 구워져요.
* 아몬드가루 대신 밀가루나 쌀가루, 오트가루를 사용해도 좋아요.

고구마팬케이크

너무너무 부드럽고 달콤해서 한 번 맛보면 아이들이 계속 더 달라고 하는 고구마팬케이크. 고구마 본연의 건강한 단맛이 일품이죠! 이가 없어도 잇몸으로 씹어 먹을 수 있을 정도의 아기들에게 줘도 잘 먹어요.

재료

· 달걀 1개

· 으깬 고구마 1컵

· 버터(또는 올리브오일)
  약간

· 시나몬파우더 1꼬집

만드는 방법

1. 볼에 달걀과 으깬 고구마, 시나몬파우더를 넣고 섞어 반죽을 만
   든다.

2. 중간 불로 달군 팬에 버터를 살짝 두르고, 반죽을 1큰술씩 올려
   앞뒤로 노릇노릇하게 굽는다.

헐크와플

비타민과 철분이 가득한 시금치를 아이들은 안 먹죠. 하지만 와플에 넣어 "헐크가 먹는 헐크와플이야" 하고 주면 관심을 보이며 잘 먹어요. '타요'의 로기, '뽀로로'의 크롱 등 아이들이 좋아하는 초록색 캐릭터의 이름을 붙여서 시금치로 만든 와플을 소개해보세요.

재료

· 달걀 1개

· 시금치 잎부분 1줌

· 아몬드밀크 1/2컵

· 플레인요거트 1/4컵

· 아가베시럽 2작은술

· 밀가루 3/4컵

· 베이킹파우더 2작은술

만드는 방법

1. 볼에 밀가루와 베이킹파우더를 넣고 골고루 섞는다.

2. 블렌더에 달걀과 시금치, 아몬드밀크, 플레인요거트, 아가베시럽
   을 넣고 갈아 시금치퓨레를 만든다.

3. ①에 시금치퓨레를 붓고, 가루가 보이지 않을 정도로 가볍게 섞어
   반죽을 만든다.

4. 달군 와플메이커에 반죽을 적당량을 붓고 5분간 굽는다.

2    **3**

엘리's Tip
▸ 와플메이커의 사양에 따라 굽는 시간을 조절해요. 보통 지름 15cm 사
  이즈의 와플은 5분 정도 굽고, 더 작은 사이즈의 와플은 2분 30초 정
  도 구워요.
▸ 기름을 두르고 닦아낸 팬에 반죽을 올리면 팬케이크로 응용할 수 있
  어요.

비트와플

철분 함유량이 높은 비트는 빈혈을 예방해주는 효과가 커요. 칼로리가 낮고 식이섬유도 풍부해서 아이들의 변비에도 참 좋은 식재료예요. 은은한 단맛이 나서 아이들이 잘 먹는 와플이나 팬케이크, 머핀에 넣어도 좋답니다.

재료

· 달걀 1개

· 비트 1개

· 녹인 버터 2큰술

· 우유 1/2컵

· 아가베시럽 1/2큰술

· 밀가루 3/4컵

· 베이킹파우더 1작은술

만드는 방법

1. 비트는 4~6등분한 후 끓는 물에 15~20분간 삶아 젓가락이 부드 럽게 들어가는 상태로 익힌다.

2. 블렌더에 익힌 비트와 우유를 넣고 갈아 비트퓌레를 만든다.

3. 나머지 재료도 모두 블렌더에 넣고, 가루가 보이지 않을 정도로 가볍게 섞어 반죽을 만든다.

4. 달군 와플메이커에 반죽을 적당량 붓고 5분간 굽는다.

엘리's Tip ＊ 남은 와플은 냉동실에 넣어 보관하고, 에어프라이어나 팬에 데워 먹 어요.

고구마오트와플

오트와 아몬드가루로 밀가루를 대신해 만드는 글루텐 프리 와플이에요. 글루텐 알러지가 있는 아이들도 맛있고 건강하게 먹을 수 있답니다. 폭신폭신하고 은은한 단맛이 환상적인 고구마오트와플을 만들어보세요.

재료

· 롤드 오트 1컵

· 달걀 1개

· 고구마 1개

· 우유 1컵

· 꿀 1큰술

· 아몬드가루 1/2컵

· 베이킹파우더 1/2작은술

만드는 방법

1. 고구마는 적당한 크기로 잘라 찜기에 넣고 젓가락으로 찔렀을 때
   부드럽게 들어가는 상태로 익힌다.

2. 블렌더에 익힌 고구마와 나머지 재료를 모두 넣고 갈아 반죽을
   만든다.

3. 달군 와플메이커에 반죽을 적당량 붓고 5분간 굽는다.

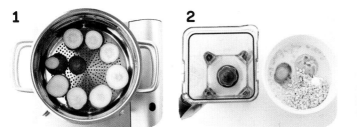

엘리's Tip · 메이플시럽과 생크림을 곁들이면 더욱 맛있어요.

애플파이와플

프렌치토스트를 와플메이커를 사용해 애플파이로 변신시켰어요. 그동안 레시피가 복잡해서 애플파이를 만들기 망설였다면 와플로 간단하게 완성해보세요. 사각사각 씹히는 사과의 식감에 기분이 좋아질 거예요.

재료

· 식빵 4장

· 달걀 2개

· 사과 1개

· 버터 1큰술

· 우유 2큰술

· 아가베시럽 1큰술

· 시나몬파우더 1/2작은술

만드는 방법

1. 사과는 잘게 깍뚝썰기한다.

2. 팬에 버터와 아가베시럽, 시나몬파우더를 넣는다. 버터를 녹인 후 잘게 썬 사과를 넣어 졸인다.

3. 볼에 달걀과 우유를 넣고 잘 풀어 달걀물을 만든 다음 식빵을 앞뒤로 적신다.

4. 달군 와플메이커에 식빵을 한쪽 올리고 졸인 사과를 1큰술 올린다. 그 위에 식빵을 한쪽 덮고, 5분간 구운 다음 식힘망에 올려 식힌다.

2-1

2-2

4

엘리's Tip ▶ 와플은 접시에 바로 올려두면 눅눅해져요. 꼭 식힘망에서 식힌 후 먹기 직전 접시에 담아요.

헐크머핀

시금치는 색깔만 봐도 쌉싸름한 맛이 떠올라 아이들이 잘 안 먹으려고 하죠? 이럴 땐 재미있는
이름을 붙인 머핀으로 만들어주세요. "한입만 먹어보고 먹기 싫으면 안 먹어도 돼!"라는 말을 함
께 해주면 녹색 음식은 쳐다도 안 보던 아이들도 다 먹고 더 달라고 한답니다.

재료

- 달걀 1개
- 바나나 1개
- 시금치 잎부분 80g
- 녹인 버터 1/4컵
- 우유 1/3컵
- 꿀 1/4컵
- 밀가루 1컵
- 베이킹파우더 1작은술
- 베이킹소다 1/4작은술
- 시나몬파우더 1/2작은술
- 바닐라 익스트랙 1작은술
  (생략 가능)

만드는 방법

1. 블렌더에 시금치와 달걀, 껍질을 깐 바나나, 녹인 버터, 우유, 꿀, 바닐라 익스트랙을 넣고 갈아 시금치퓨레를 만든다.

2. 볼에 시금치퓨레와 밀가루, 베이킹파우더, 베이킹소다, 시나몬파우더를 넣고 가루가 보이지 않을 정도로 섞어 반죽을 만든다.

3. 머핀 틀에 반죽을 1큰술씩 나눠 붓고, 170도로 예열한 오븐에서 18~22분간 굽는다.

엘리's Tip · 미니 머핀 틀로 조리할 때는 반죽을 1큰술씩 넣어요.

요거트머핀

팬케이크가루에 달걀과 요거트, 우유만 넣으면 완성되는 식사용 머핀이에요. 요거트가 듬뿍 들어가 단백질과 탄수화물 섭취가 가능하고, 과일을 토핑으로 곁들여내면 영양소의 부족함이 없답니다. 아이들이 스스로 먹을 수 있어 엄마의 바쁜 아침 시간을 줄여주는 고마운 메뉴예요.

재료

· 달걀 1개

· 우유 2큰술

· 그릭요거트 1/4컵

· 팬케이크가루 3/4컵

토핑 재료

· 딸기 · 블루베리 약간

만드는 방법

1. 볼에 모든 재료를 넣고 덩어지지지 않게 잘 섞어 반죽을 만든다.

2. 머핀 틀의 2/3 높이까지 반죽을 붓고, 토핑 재료를 올린다. 180도
로 예열한 오븐에서 15~17분간 굽는다.

1  **2**

엘리's Tip ※ 그릭요거트 대신 플레인요거트, 딸기와 블루베리 대신 원하는 생과일
을 사용해도 좋아요.

아보카도바나나머핀

아보카도에는 '착한 지방'이라고 불리는 불포화지방산이 풍부하게 들어 있을 뿐 아니라 20종류의
비타민과 미네랄이 함유돼 슈퍼푸드라고도 불려요. 크리미하고 부드러운 식감이 뛰어나 아이들의
음식에 사용하기 매우 좋은 식재료 중 하나랍니다.

재료

- 달걀 1개
- 바나나 1개
- 아보카도 1/2개
- 우유 1/3컵
- 메이플시럽 1큰술
- 밀가루 1컵
- 베이킹파우더 1작은술

만드는 방법

1. 볼에 껍질을 깐 바나나와 아보카도를 넣고 포크로 완전히 으깬 다음 달걀과 우유, 메이플시럽을 넣고 섞는다.
2. 밀가루와 베이킹파우더를 넣고 가루가 보이지 않을 정도로 섞어 반죽을 만든다.
3. 머핀 틀에 반죽을 1큰술씩 나눠 붓고, 180도로 예열한 오븐에서 14~16분간 굽는다.

1

2

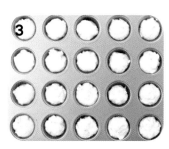

3

엘리's Tip

- 밀가루 대신 쌀가루로 만들 때는 쌀가루의 건조 상태에 따라 우유의 양이 달라져요. 반죽이 너무 되직하면 우유를 1~2큰술 추가해요.
- 머핀 틀의 사이즈와 오븐 사양에 따라 굽는 시간이 달라지니 중간중간 잘 구워지는지 확인해요.

채소오믈렛머핀

같은 음식도 형태가 바뀌거나 조리법이 달라지면 아이들은 새롭게 받아들여요. 안 먹기도 하지만 또 반대로 잘 먹기도 하죠. 접시에 담아주는 오믈렛이 식상해졌을 때 머핀으로 만들어, 색다른 채소 메뉴를 아이들에게 소개해주세요.

재료

· 달걀 3개

· 다진 당근 1큰술

· 다진 브로콜리 2큰술

· 옥수수 2큰술

· 슈레드 체다치즈 1/3컵

· 슈레드 파마산치즈 2큰술

· 우유 2큰술

만드는 방법

1. 볼에 모든 재료를 넣고 골고루 섞어 반죽을 만든다.

2. 머핀 틀의 2/3 높이까지 반죽을 붓고, 170도로 예열한 오븐에서 17~19분 굽는다.

엘리's Tip
- 채소를 안 먹는 아이에게는 채소를 뺀 재료로 오믈렛머핀을 만들어줘서 거부감은 없는지 반응을 살펴요. 잘 먹으면 그다음부터 채소를 조금씩 추가해요.
- 기호에 따라 다양한 채소를 추가해서 만들어요.

고구마바나나머핀

아이들이 빵은 곧잘 먹는데 고구마는 안 먹나요? 그렇다면 빵의 포슬포슬한 식감을 살린 고구마
바나나머핀을 만들어보세요. 바나나의 단맛과 향긋함을 한층 깊게 담아내 눈 깜짝할 사이에 접시
가 깨끗이 비워질 거예요!

재료

· 달걀 2개

· 바나나 1개

· 으깬 고구마 1/2컵

· 다진 호두 약간

· 피넛버터 1/4컵

· 꿀 1~2큰술

· 밀가루 1/4컵

· 베이킹소다 1작은술

만드는 방법

1. 볼에 껍질을 깐 바나나를 넣고 포크로 으깬다. 다른 볼에 으깬 고구마와 피넛버터를 넣고 덩어리지지 않게 섞는다.

2. 큰 볼에 ①을 넣는다. 다진 호두를 제외한 모든 재료를 넣고 골고루 섞어 반죽을 만든다.

3. 머핀 틀에 반죽을 1큰술씩 나눠 붓는다.

4. 다진 호두를 반죽 위에 올리고, 190도로 예열한 오븐에서 12~15분간 굽는다.

엘리's Tip
· 꿀은 보툴리누스균의 감염 위험성이 있어서 12개월 이하의 아기들에게는 먹이지 않는 게 좋아요. 아기용 머핀을 만들 때는 꿀 대신 메이플시럽이나 아가베시럽을 넣어요.
· 고구마 대신 단호박을 넣어 단호박바나나머핀으로 응용해도 좋아요.

사과바나나당근머핀

아이들에게 머핀을 줄 때 너무 달지 않을까 걱정되나요? 사과바나나당근머핀은 식재료 본연의 단맛을 담아, 채소와 과일로 달콤함을 살린 머핀이니 안심하세요. 요거트나 우유 등 단백질 식재료를 곁들여주면 더욱 건강한 아침 식사가 됩니다.

재료

· 달걀 1개

· 얇게 썬 사과 1컵(75g)

· 바나나 1/2개

· 얇게 썬 당근 1/2컵(50g)

· 녹인 버터 1과 1/2큰술

· 밀가루 3/4컵

· 베이킹파우더 1작은술

· 아가베시럽 1큰술

  (생략 가능)

· 물 3/4컵

만드는 방법

1. 냄비에 분량의 물을 붓고, 끓기 시작하면 사과와 당근을 넣고 5분간 익힌다.

2. 블렌더에 ①을 그대로 넣고 갈아 사과당근퓨레를 만든다.

3. 볼에 껍질을 깐 바나나를 넣고 으깬다. 사과당근퓨레와 달걀, 녹인 버터, 밀가루, 베이킹파우더, 아가베시럽을 넣고 가루가 보이지 않을 정도로 섞어 반죽을 만든다.

4. 머핀 틀에 반죽을 1큰술씩 나눠 붓고, 175도로 예열한 오븐에서 14~15분간 굽는다.

1

3

4

엘리's Tip

· 레시피의 반죽은 미니 머핀 틀로 24개, 보통 머핀 틀로 12개가 나오는 분량이에요.

· 에어프라이어로 요리할 때는 160도에서 13~15분 정도 익혀요(오븐으로 요리할 때보다 온도를 약간 낮추고, 조리 시간을 짧게 설정한 다음 반죽이 타지 않도록 중간중간 열어서 확인해요).

Part 4
에너지를 충전해주는
점심 메뉴

망고살사샐러드

새콤달콤한 맛으로 아이들의 입맛을 사로잡는 망고살사샐러드. 만들기 쉽고 탄수화물과 식이섬유, 각종 비타민이 들어가 영양 밸런스를 잘 갖춘 메뉴입니다. 또띠아칩이나 타코, 나초를 곁들여 든든하게 먹어도 좋고 가볍게 샐러드만 먹어도 좋아요.

재료

· 또띠아칩 3~4개

  (생략 가능)

· 망고 1개

· 다진 빨강 피망 1/4컵

· 적양파 1작은술

· 다진 고수잎 1큰술

· 라임즙 2큰술

만드는 방법

1. 망고는 잘게 자른다. 적양파는 찬물에 10분 정도 담가 매운맛을
   제거한 다음 체에 받쳐 물기를 뺀다.

2. 볼에 ①과 고수잎, 라임즙을 넣고 골고루 섞은 뒤 또띠아칩에 올
   린다.

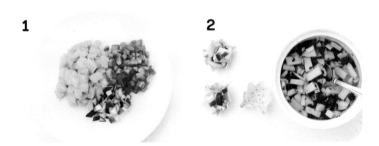

엘리's Tip
> 너무 어린 아이들에게는 매울 수 있으니 적양파를 빼고 요리해요.
> 망고살사샐러드에 청양고추를 잘게 썰어 넣으면 엄마아빠가 먹기 좋
  은 매콤한 샐러드가 돼요.
> 고수잎 대신 파슬리, 라임즙 대신 레몬즙을 넣어도 좋아요.

참치마카로니샐러드

단백질과 탄수화물, 지방, 비타민 등 필수 영양소들이 골고루 들어 있는 샐러드예요. 참치와 다양한 색감의 신선한 채소들이 함께 들어가 눈으로도 예쁘게 즐기고, 입으로도 맛있게 먹는 샐러드랍니다.

재료

· 마카로니 1/2컵

· 참치 1/2컵

· 잘게 썬 오렌지 1/4컵

· 다진 적양파 2큰술

· 다진 빨강 · 주황 피망
  2큰술씩

· 다진 샐러리 2큰술

· 완두콩 · 옥수수 2큰술씩

· 마요네즈 3큰술

· 레몬즙 2큰술

· 다진 파슬리 1큰술

만드는 방법

1. 냄비에 물을 붓고 끓기 시작하면 마카로니와 옥수수, 완두콩을 넣어 8~10분간 삶는다. 찬물에 헹구고 체에 밭쳐 물기를 뺀다.

2. 적양파는 찬물에 5분 이상 담가 매운맛을 제거한 다음 체에 밭쳐 물기를 뺀다.

3. 볼에 ①과 ②, 나머지 재료를 모두 넣고 골고루 섞는다.

1

3

엘리's Tip

* 처음에는 아이들이 좋아하는 채소만 넣어 만들고, 점차 안 먹는 채소를 극소량(1~2알)씩 넣어 채소와 친해질 수 있는 기회를 만들어주세요.
* 남은 샐러드는 빵 사이에 끼워서 샌드위치를 만들거나 또띠아에 넣고 치즈를 추가해서 구워내면 퀘사디아가 돼요.

카프레제샐러드

간단하지만 분위기 있는 카프레제샐러드를 만들어볼까요? 빨간색과 초록색, 하얀색이 어우러진 카프레제샐러드를 아이들이 더욱 간단히 먹을 수 있도록 꼬지에 끼워 장식했어요. 하나씩 쏙쏙 빼먹어도 맛있고, 한입 크게 베어물어도 입안에 상큼함이 가득 퍼져나가요.

재료

· 방울토마토 4~5개

· 바질잎 2~3장

· 생모짜렐라치즈 1/4컵

· 발사믹식초 약간

만드는 방법

1. 바질잎은 채 썰고, 방울토마토는 사선으로 자른다.

2. 꼬지에 바질잎과 생모짜렐라치즈를 끼우고 방울토마토 두 쪽을 하트 모양으로 끼운 다음 생모짜렐라치즈를 끼운다.

3. 접시에 담아낸 뒤 발사믹식초를 뿌린다.

엘리's Tip
* 방울토마토의 모양이 길쭉할수록 하트 모양이 예뻐요.
* 바질의 향이 익숙하지 않으면 시금치잎으로 만들어요.
* 카프레제샐러드를 처음 먹는 아이에게는 발사믹식초 없이 생모짜렐라치즈와 토마토를 주는 것으로 식재료 본연의 맛을 소개해요.

콜리플라워치즈스틱

비타민 C와 비타민 K가 풍부한 콜리플라워. 그냥은 안 먹는 아이들이 많죠? 그런 아이들에게 선보이면 좋은 레시피를 소개합니다. 콜리플라워의 형태가 전혀 없고, 쫀득한 치즈의 식감에 마치 피자를 먹는 느낌이라 콜리플라워를 듬뿍 먹일 수 있어요.

재료

· 달걀 1개

· 콜리플라워 1/2통(250g)

· 슈레드 모짜렐라치즈
  1/3컵

· 이탈리안시즈닝 1/2큰술

토핑 재료

· 슈레드 모짜렐라치즈
  2/3컵

만드는 방법

1. 콜리플라워는 기둥을 제거하고 송이 부분만 남긴다. 블렌더에 콜리플라워를 넣고 포슬포슬한 상태가 되도록 곱게 간다.

2. 접시에 간 콜리플라워를 펼친 후 같은 크기의 접시를 뚜껑처럼 덮는다. 접시째 전자레인지에 넣고 5분간 돌린 후 식힌다.

3. 볼에 식힌 콜리플라워와 달걀, 슈레드 모짜렐라치즈, 이탈리안시즈닝을 넣고 섞은 후 유산지를 깐 오븐 팬에 얇게 펼친다.

4. 슈레드 모짜렐라치즈를 토핑한 후 180도로 예열한 오븐에서 30분간 굽는다. 피자 커터로 길게 자른다.

1

2

3

4

엘리's Tip

⋈ 오븐에서 꺼낸 다음 밑면의 유산지를 떼고 식힘망 위에서 식히면 더욱 바삭하게 먹을 수 있어요.

⋈ 이탈리안시즈닝이 없으면 갈릭파우더 1/2작은술, 건조 바질잎 1/4작은술, 건조 오레가노 1/4작은술, 건조 파슬리 1/4작은술을 넣어요.

⋈ 이탈리안시즈닝 대신 피자소스를 펴 바른 다음 햄과 페퍼로니, 블랙올리브 등의 토핑 재료를 올려 피자처럼 구워도 맛있어요.

콜리플라워치즈프리터

콜리플라워에는 비타민 외에도 섬유질과 항산화성분이 가득 함유되어 있어요. 콜리플라워를 원래 형태로 요리하면 식감 때문에 좋아하지 않는 아이들이 많아요. 그럴 때 블렌더에 고슬고슬하게 갈아서 전처럼 노릇노릇하게 구운 프리터로 만들어주면 잘 먹는답니다!

재료

· 달걀 1개

· 콜리플라워 1/4통(120g)

· 슈레드 체다치즈 1/3컵

· 빵가루 2큰술

· 갈릭파우더 1작은술

· 어니언파우더 1/2큰술

· 올리브오일 약간

만드는 방법

1. 콜리플라워는 기둥을 제거하고 송이 부분만 남긴다. 블렌더에 콜리플라워를 넣고 포슬포슬한 상태가 되도록 곱게 간다.

2. 볼에 간 콜리플라워와 올리브오일을 제외한 모든 재료를 넣고 섞어 반죽을 만든다.

3. 중간 불로 달군 팬에 올리브오일을 두르고, 반죽을 1큰술씩 떠서 앞뒤로 노릇노릇하게 굽는다.

엘리's Tip ✳ 콜리플라워 대신 브로콜리, 슈레드 체다치즈 대신 슈레드 파마산치즈로 요리해도 맛있어요.

애호박치즈밥

보드러운 밥에 짭쪼름한 체다치즈를 넣어 리조또처럼 쫀득한 식감을 더했어요. 칼륨과 칼슘, 셀레늄 등의 무기질과 식이섬유가 풍부한 애호박을 넣어 아이들에게 꼭 필요한 영양소를 손쉽게 섭취할 수 있도록 만든 레시피예요.

재료

· 밥 1/2컵

· 애호박 1/2개

· 버터 1큰술

· 우유 2큰술

· 슈레드 체다치즈 1/3컵

· 후추 1꼬집

만드는 방법

1. 애호박은 채칼로 잘게 채 썬다.

2. 달군 냄비에 버터를 녹이고, 채 썬 애호박을 넣어 1분간 살짝 볶는다.

3. 나머지 재료를 모두 넣고 뭉근해질 때까지 저으며 익힌다.

크림치즈새우만두

고소한 크림치즈와 감칠맛 나는 새우가 어우러진 이색 만두예요. 부드러운 식감 덕분에 호불호가 잘 갈리지 않는 메뉴랍니다. 고기만두나 채소만두에 익숙한 아이들에게, 이번에는 특별하고 새로운 맛의 만두를 소개해보세요!

재료

· 만두피 20장

· 다진 새우 1/2컵

· 다진 애호박 2큰술

· 크림치즈 1/4컵

· 올리브오일 약간

만드는 방법

1. 크림치즈는 실온에 20분간 두어 부드러운 상태가 되도록 준비한다.

2. 볼에 새우와 애호박, 크림치즈를 넣고 섞어 속재료를 만든다.

3. 만두피에 속재료를 적당량씩 떠서 올리고 오므린 다음 가장자리를 꾹꾹 눌러 여민다.

4. 올리브오일을 두른 팬에 앞뒤로 노릇노릇하게 굽는다.

2

3

4

두부너겟

두부는 단백질 식품 중에서도 특히 몸에 좋은 양질의 단백질 함유량이 높고, 아미노산이 풍부하죠. 언제든 구할 수 있고 값도 저렴한 효자 식재료예요. 두부로 포만감도 높고 소화도 잘 되는 너겟을 만들어주세요. 아이들에게 엄청난 에너지를 줄 수 있을 거예요.

재료

· 달걀 1개

· 두부 1/2모

· 빵가루 1/2컵

· 전분가루 1/4컵

· 갈릭파우더 1/2작은술

· 어니언파우더 1/2작은술

만드는 방법

1. 두부는 한입 크기로 잘라 키친타월로 감싼 뒤 부드럽게 눌러 물기를 제거한다.

2. 볼에 달걀과 갈릭파우더, 어니언파우더를 넣고 잘 풀어 달걀물을 만든다.

3. 물기를 뺀 두부에 전분가루를 묻히고, 달걀물에 담갔다가 꺼내 빵가루를 묻힌다.

4. 에어프라이어에 두부를 넣고 오일스프레이를 뿌린 다음 180도에서 8분 굽고, 뒤집어서 5분 더 굽는다.

1  **4**

엘리's Tip × 바비큐소스를 곁들이면 더욱 맛있게 즐길 수 있어요.

두부바비큐

단백질이 풍부한 두부는 고기를 안 먹는 아이들에게 단백질을 섭취시킬 수 있는 아주 좋은 식재료예요. 냉동실에 얼렸다가 녹인 후 조리하면 식감이 쫄깃쫄깃해져, 물컹한 식감 때문에 두부를 좋아하지 않던 아이들도 잘 먹어요.

재료

· 달걀 1개

· 두부 1/2모

· 바비큐소스 1/4컵

· 전분가루 1/4컵

만드는 방법

1. 두부는 키친타월로 감싼 뒤 부드럽게 눌러 물기를 제거한다. 냉동실에 하루 정도 얼렸다가 요리하기 2~3시간 전에 꺼내 실온에서 녹인다.

2. 녹인 두부를 키친타월로 감싸 물기를 제거한 다음 사방 1cm 크기로 자른다. 볼에 달걀을 풀어 달걀물을 만든다.

3. 두부를 달걀물에 담갔다가 꺼내 전분가루를 골고루 묻힌다.

4. 에어프라이어에 두부를 넣고 오일스프레이를 뿌린 다음 180도에서 8분간 굽고, 뒤집어서 3~5분 더 굽는다. 먹기 직전에 바비큐소스를 골고루 바른다.

2

4

바삭치즈브로콜리

아이들이 잘 안 먹는 브로콜리, 그러나 몸에 좋은 식재료이기 때문에 먹이고 싶은 마음이 크죠?
편식하는 아이도 한입에 쏙쏙, 그릇을 싹싹 비우는 레시피를 소개합니다. 치즈의 고소함과 빵가루
의 바삭함 덕분에 브로콜리도 맛있게 먹어줄 거예요.

재료

· 달걀 2개

· 기둥을 제거한 브로콜리
  1/2컵(100g)

· 슈레드 체다치즈 1큰술

· 슈레드 파마산치즈 2큰술

· 우유 1/2큰술

· 빵가루 1/2컵

· 갈릭파우더 1/2작은술

만드는 방법

1. 브로콜리는 한입 크기로 자른다.

2. 볼에 달걀과 우유를 넣고 잘 섞어 달걀물을 만든다. 다른 볼에 슈레드 체다치즈와 슈레드 파마산치즈, 빵가루, 갈릭파우더를 넣고 섞어 치즈빵가루를 만든다.

3. 브로콜리를 달걀물에 담갔다가 꺼내 치즈빵가루를 묻힌다.

4. 에어프라이어에 브로콜리를 넣고 오일스프레이를 뿌린 다음 170도에서 8분간 굽는다.

2　　　　　　　　**4**

엘리's Tip　× 브로콜리에 치즈빵가루로 옷을 입힐 때 잘 달라붙지 않으면 달걀물을 덧발라가며 듬뿍 묻혀요.

크림치즈치킨타코롤

또띠아에 다양한 채소를 넣어 반으로 접어서 먹는 음식인 타코를 롤 모양의 핑거푸드로 만들었어요. 덕분에 아이들이 손으로 잡고 먹기 쉬워졌어요. 크림치즈 사이로 보이는 선명한 색깔의 채소들이 먹음직스러워 식욕을 돋아줘요.

재료

· 또띠아 3~4장

· 익혀서 잘게 자른
  닭가슴살 1/2컵

· 다진 빨강 · 초록 피망
  1큰술씩

· 다진 고수잎(또는 파슬리)
  1작은술

· 크림치즈 60g

· 슈레드 체다치즈 2큰술

· 갈릭파우더 1/4작은술

· 어니언파우더 1/2작은술

만드는 방법

1. 크림치즈는 실온에 20분간 두어 부드러운 상태가 되도록 준비
   한다.

2. 볼에 크림치즈를 넣어 으깨고, 또띠아를 제외한 모든 재료를 넣
   고 섞는다.

3. 또띠아를 펼치고 그 위에 ②를 얇게 펴 바른 뒤 김밥을 말듯이
   돌돌 말아준다. 한입 크기로 썬다.

2

3-1

3-2

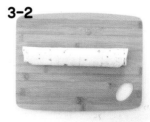

피넛버터바나나퀘사디아

점심뿐 아니라 바쁜 아침이나 간식으로도 좋은 메뉴예요. 무엇보다 집에 항상 준비되어 있는 재료로 5분 안에 뚝딱 만들어낼 수 있는 초간단 초스피드 레시피여서, 급하게 식사 준비를 해야 할 때 정말 좋답니다.

재료

· 또띠아 2장

· 바나나 1개

· 피넛버터 4큰술

만드는 방법

1. 껍질을 깐 바나나는 0.5cm 두께로 얇게 썬다.

2. 또띠아를 펼치고 피넛버터를 펴 바른다. 절반 정도에만 얇게 썬 바나나를 올린다.

3. 또띠아를 반으로 접은 뒤 중간 불로 달군 팬에 넣고, 앞뒤로 노릇노릇하게 굽는다.

단호박시금치퀘사디아

비타민 A가 풍부해 눈 건강에 좋고, 비타민 K가 가득해 뼈 성장에 도움이 되는 시금치! 꾸준히 먹으면 참 좋을 텐데 싫어하는 아이들이 많아요. 단호박의 달큰한 맛이 돋보이는 퀘사디아에 시금치를 넣으면 어떨까요? 편식 걱정이 어느새 사라질 거예요!

재료

· 또띠아 2장

· 익힌 단호박 1/2컵

· 시금치 잎부분 1/4컵

· 슈레드 모짜렐라치즈
  1/2컵

만드는 방법

1. 시금치와 익힌 단호박은 잘게 썬다.

2. 약한 불로 달군 팬에 또띠아를 올리고, 한쪽에 슈레드 모짜렐라 치즈를 약간 뿌린다. 그 위에 시금치와 단호박을 올린 후 다시 모짜렐라치즈를 듬뿍 뿌린다.

3. 또띠아를 반으로 접어 중간 불에서 앞뒤로 노릇노릇해질 때까지 굽는다.

새우아보카도퀘사디아

퀘사디아는 또띠아에 속재료와 치즈를 넣기만 하면 완성이죠. 만들기 간편하고 속재료를 다양하게 바꿔가며 아이들이 질리지 않게 응용해서 요리할 수 있어요. 피자 모양으로 자르거나 스틱 모양으로 잘라서 줘도 새로워 보여 아이들이 금세 한 그릇을 뚝딱 비운답니다.

재료

· 또띠아 2장

· 냉동 새우(중간 사이즈)
  10마리

· 아보카도 1/2개

· 슈레드 모짜렐라치즈
  1/4컵

만드는 방법

1. 냉동 새우는 끓는 물에 데친다.

2. 아보카도는 껍질과 씨를 제거하고, 먹기 좋은 크기로 잘게 썬다.
   새우도 비슷한 크기로 썬다.

3. 약한 불로 달군 팬에 또띠아를 올린 다음 한쪽에 아보카도와 새
   우를 올린다. 슈레드 모짜렐라치즈를 뿌린다.

4. 또띠아를 반으로 접어 중간 불에서 앞뒤로 노릇노릇해질 때까
   지 굽는다.

엘리's Tip × 새우 대신 익혀서 잘게 찢은 닭고기나 참치, 연어를 넣어 응용해도
좋아요.

바삭맥앤치즈

맥앤치즈는 '마카로니 앤드 치즈'의 줄임말로 불호가 거의 없는 음식이에요. 입맛 까다로운 아이들도 맥앤치즈를 잘 먹을 정도로 인기 있는 미국인들의 소울푸드랍니다. 기본적인 맥앤치즈 레시피에 빵가루를 얹어 바삭함을 더했어요. 함께 만들어볼까요?

재료

· 마카로니 1/2컵

· 버터 2와 1/2큰술

· 슈레드 체다치즈 1/3컵

· 우유 1과 1/2컵

· 밀가루 1큰술

토핑 재료

· 버터 1큰술

· 빵가루 3큰술

만드는 방법

1. 냄비에 물을 붓고 마카로니를 넣어 8분간 삶은 뒤 체에 밭쳐 물기를 뺀다.

2. 냄비에 버터를 넣어 중간 불로 녹인 뒤 밀가루를 넣어 덩어리지지 않게 풀어준다.

3. 우유를 붓고 걸쭉해질 때까지 젓는다.

4. 슈레드 체다치즈를 넣고 녹인 뒤 바로 불을 끄고, 물기를 뺀 마카로니를 넣어 버무린다.

5. 다른 냄비에 토핑 재료의 버터를 넣고 녹인 뒤 빵가루를 넣어 섞는다.

6. 내열 용기에 ④를 담고, 빵가루를 얹은 뒤 190도로 예열한 오븐에서 30~40분간 굽는다.

2    **4**    **6**

엘리's Tip

× 오븐 사양에 따라 조리 시간이 다르니 중간중간 확인하며 빵가루가 노릇해질 때까지 구워요.

× 기본적인 맥앤치즈를 먹으려면 4번 과정까지만 조리해요.

단호박맥앤치즈

단호박을 넣어 은은한 단맛으로 풍미를 높인 맥앤치즈 레시피예요. 마치 생크림을 넣은 듯 부드럽고 고소한 맛이 나서 아이들이 참 좋아해요. 단호박의 씨를 제거하는 과정이 다소 번거롭게 느껴질 수 있지만 그래도 한번 도전해봐요!

재료

· 마카로니 1/2컵

· 단호박 1/3개

· 버터 1작은술

· 슈레드 체다치즈 1/4컵

· 우유 1/4컵

만드는 방법

1. 단호박은 전자레인지에 2~3분간 돌린 다음 여러 조각으로 잘라 씨를 제거한다. 김이 오른 찜기에 단호박을 넣고 10분간 찐 뒤 한 김 식으면 껍질을 벗긴다.

2. 블렌더에 단호박과 우유를 넣고 갈아 단호박퓨레를 만든다.

3. 냄비에 물을 붓고 끓기 시작하면 마카로니를 넣어 8~10분 삶은 다음 물을 따라 버린다.

4. 냄비를 그대로 다시 중간 불에 올려 버터와 슈레드 체다치즈, 단호박퓨레를 넣고 젓다가 치즈가 녹으면 불을 끈다.

1

2
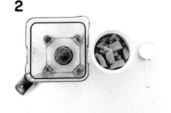

3

4

 * 마카로니 대신 스파게티면을 사용하면 단호박스파게티가 돼요.

* 옥수수나 완두콩, 브로콜리 등 좋아하는 채소를 추가해요.

미트볼샌드위치

미트볼을 넉넉하게 만들어서 냉동해두면 언제든 뚝딱 완성되는 샌드위치예요. 빵 사이에 미트볼을 끼워서 마리나라소스와 치즈를 듬뿍 올려 살짝 구우면 바로 먹을 수 있는 손쉬운 점심 메뉴가 된답니다.

재료

· 샌드위치빵 1개

· 미트볼 4~5개(216쪽)

· 슈레드 모짜렐라치즈
  1/4컵

· 마리나라소스 1큰술

· 다진 파슬리 1꼬집

만드는 방법

1. 샌드위치빵 옆면에 가로로 칼집을 낸다.

2. 칼집 낸 샌드위치빵에 미트볼과 마리나라소스, 슈레드 모짜렐라
   치즈, 파슬리를 순서대로 끼운다.

3. 에어프라이에 넣고 180도에서 5~6분간 치즈가 녹을 때까지 굽
   는다.

2

 엘리's Tip   ※ 기호에 따라 볶은 버섯이나 피망, 양파 등을 넣어도 좋아요.

※ 마리나라소스 대신 피자소스나 스파게티소스를 사용해도 돼요.

대구채소라이스머핀

밥과 반찬을 따로 잘 안 먹는 아이들에게는 밥과 채소, 고기 반찬을 머핀 모양으로 넣어서 듬뿍 먹여보세요. 아이들이 혼자 들고 먹기도 좋고, 밥과 반찬을 골고루 먹을 수 있어서 더욱 좋은 레시피예요.

재료

· 식은 밥 1컵

· 대구필레 1개(200g)

· 달걀 2개

· 다진 당근 2큰술

· 다진 양파 2큰술

· 다진 브로콜리 1큰술

· 슈레드 체다치즈 1/4컵

· 갈릭파우더 1작은술

· 참기름 1큰술

만드는 방법

1. 팬에 물 1컵을 붓고, 끓어 오르면 대구필레를 넣어 5분간 앞뒤로 익힌다.

2. 볼에 익힌 대구와 나머지 모든 재료를 넣고 골고루 섞어 반죽을 만든다.

3. 머핀 틀에 반죽을 1큰술씩 넣고, 170도로 예열한 오븐에서 20분간 굽는다.

엘리's Tip ※ 대구필레 대신 새우나 다진 불고기, 베이컨 등을 각각 추가해 다양한 라이스머핀으로 응용해도 좋아요.

미니 핫도그머핀

아이들이 좋아하는 프랑크소시지를 넣은 인기 만점 머핀이에요. 손에 들고 먹기 좋은 핑거푸드여서, 아이들이 원하는 만큼 양과 속도를 조절해가며 식사를 할 수 있어요. 하나씩 먹다 보면 머핀이 사라지는 게 아쉬워질 거예요.

재료

· 프랑크소시지 3~4개

· 달걀 1개

· 우유 1/3컵

· 그릭요거트 2큰술

· 메이플시럽 2작은술

· 밀가루 1/4컵

· 아몬드가루 1/2컵

· 베이킹파우더 1/2작은술

만드는 방법

1. 볼에 프랑크소시지를 제외한 모든 재료를 넣고 섞어서 반죽을 만든다.

2. 프랑크소시지는 3cm 크기로 자른다.

3. 머핀 틀에 반죽을 붓고, 프랑크소시지를 가운데에 세워 넣는다.

4. 190도로 예열한 오븐에서 14~16분간 굽는다.

1

3

엘리's Tip × 우유 대신 두유나 코코넛밀크, 아몬드밀크를 넣어도 맛있어요.

× 메이플시럽 대신 꿀이나 아가베시럽, 그릭요거트 대신 플레인요거트를 사용해도 좋아요.

참치치즈포켓

주머니 모양의 식빵에 참치와 치즈로 만든 속재료가 따뜻하게 녹아 있어, 참치치즈포켓이라는 이름이 붙었어요. 주머니처럼 만드는 대신 식빵 사이에 속재료를 넣고 구워 참치치즈멜트샌드위치로 만들거나 속재료를 또띠아에 끼워서 참치치즈퀘사디아로도 응용할 수도 있어요.

재료

· 식빵 8장

· 참치 1/2컵

· 다진 양파 · 샐러리 2큰술씩

· 다진 피클 1큰술

· 버터 약간

· 슈레드 체다치즈(또는
  슈레드 모짜렐라치즈) 1/4컵

· 마요네즈 2큰술

만드는 방법

1. 양파는 찬물에 10분간 담가 매운맛을 제거한 다음 체에 밭쳐 물기를 뺀다.

2. 참치는 꾹꾹 짜내어 기름을 제거한다.

3. 볼에 참치와 양파, 샐러리, 피클, 마요네즈를 넣고 섞어 속재료를 만든다.

4. 원형 모양 커터나 유리컵으로 식빵을 동그랗게 찍어낸다.

5. 절반 분량의 식빵에 슈레드 체다치즈와 속재료, 다시 슈레드 체다치즈를 올린다. 나머지 식빵을 덮고 손바닥으로 눌러 납작하게 만든다. 포크로 식빵 가장자리를 눌러 여민다.

6. 중약 불로 달군 팬에 버터를 녹이고, 식빵을 앞뒤로 노릇노릇하게 굽는다. 반으로 잘라 접시에 낸다.

3

4

5

6

 엘리's Tip ⋇ 채소 때문에 아이가 안 먹을까봐 걱정된다면 빵 사이에 치즈를 넣고 팬에 구운 그릴드치즈샌드위치를 먼저 소개해요. 잘 먹게 되면 참치를 추가하고, 점차 채소를 조금씩 추가하는 단계를 거쳐 천천히 안 먹는 식재료에 익숙해지게 해요.

애호박피자

애호박을 색다른 방법으로 먹을 수 있는 방법을 소개합니다. 슬라이스한 애호박 위에 아이들이 좋아하는 토핑 재료를 각각 올려 간단하게, 건강하게 먹일 수 있는 레시피예요. 아이들과 함께 만들면 더욱 즐거워질 거예요.

재료

· 애호박 1개

· 슈레드 모짜렐라치즈
 1/2컵

· 피자소스 3큰술

· 올리브오일 1큰술

토핑 재료

· 페퍼로니 · 햄 · 파인애플
 피망 · 양파 · 옥수수
 완두콩 · 블랙올리브
 약간씩

만드는 방법

1. 애호박은 0.5cm의 두께로 동그랗게 썰어 올리브오일을 골고루 바른다. 에어프라이어에 넣고 180도에서 7분간 굽는다.

2. 구운 애호박 위에 피자소스를 펴 바른다. 슈레드 모짜렐라치즈를 뿌리고, 토핑 재료를 올린다.

3. 에어프라이어에 넣고 180도에서 5~6분간 굽는다.

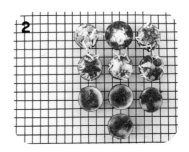

엘리's Tip ▸ 피자소스 대신 마리나라소스나 스타게티소스를 사용해도 좋아요.

고구마크러스트피자

오트로 피자를 만든다니 신기하죠? 밀가루 대신 오트와 고구마로 반죽을 만들어 겉은 바삭하고 속은 고구마의 부드러운 식감과 달콤함이 살아 있답니다! 게다가 밀가루에 들어 있는 글루텐에 알러지가 있는 아이들도 즐길 수 있는 글루텐 프리 피자예요.

재료

· 롤드 오트 2/3컵

· 달걀 1개

· 으깬 고구마 1/2컵

· 슈레드 모짜렐라치즈
  1/3컵

· 피자소스 2큰술

토핑 재료

· 페퍼로니 · 햄 ·
  블랙올리브 약간씩

만드는 방법

1. 볼에 롤드 오트와 달걀, 으깬 고구마를 넣고 섞은 후 유산지를 깐 팬에 붓는다. 꾹꾹 눌러 동그랗고 납작한 크러스트를 만든다.

2. 200도로 예열한 오븐에서 18~20분간 굽는다.

3. 구운 크러스트 위에 피자소스를 펴 바르고, 슈레드 모짜렐라치즈를 골고루 뿌린 후 토핑 재료를 올린다.

4. 200도로 예열한 오븐에서 치즈가 녹을 때까지 5분간 굽는다.

1

3

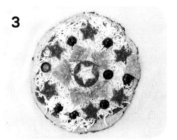

엘리's Tip
» 롤드 오트 대신 아몬드가루를 사용하면 더욱 고소해요.
» 에어프라이어를 사용할 경우 크러스트를 작은 사이즈로 2개 만들어요.

미니 마르게리타피자

쫄깃한 잉글리쉬 머핀에 올리브오일을 발라 간단하게 바삭바삭한 피자를 만들었어요. 생모짜렐라 치즈가 쭉쭉 늘어나서 아이들이 먹을 때마다 까르르 웃음을 터뜨려요. 누구의 치즈가 더 길게 늘어나는지 경쟁하면서 먹어도 재밌어요!

재료

· 잉글리쉬 머핀 2쪽

· 방울토마토 3~4개

· 바질잎 1장

· 생모짜렐라치즈 적당량

· 슈레드 모짜렐라치즈
  1/2큰술

· 피자소스 2큰술

· 올리브오일 1큰술

만드는 방법

1. 방울토마토는 동그랗게 썰고, 바질잎은 잘게 채 썬다.

2. 잉글리쉬 머핀 위에 올리브오일을 펴 바른다.

3. 피자소스를 골고루 바르고, 그 위에 슈레드 모짜렐라치즈와 방울토마토, 생모짜렐라치즈를 올린다.

4. 에어프라이어에 넣고 180도에서 5분간 굽는다. 채 썬 바질잎을 올린다.

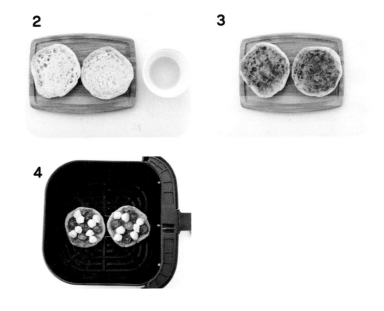

엘리's Tip × 잉글리쉬 머핀 대신 또띠아나 난, 피타브레드로 만들어도 맛있어요.

피타브레드피자

고소한 맛이 뛰어난 피타브레드에 아이들이 좋아하는 토핑 재료를 풍성하게 올리면 미니 사이즈의 피자가 완성됩니다. 풍미가 좋은 갈릭파우더를 더해 토마토 베이스의 피자소스나 마리나라소스를 좋아하지 않는 아이들의 입맛도 사로 잡았어요.

재료

· 피타브레드 1장

· 녹인 버터 1/2큰술

· 슈레드 모짜렐라치즈
  1/2컵

· 갈릭파우더 1작은술

토핑 재료

· 페퍼로니 · 햄 ·
  블랙올리브 · 옥수수 ·
  완두콩 약간씩

만드는 방법

1. 볼에 녹인 버터와 갈릭파우더를 넣어 섞고, 피타브레드 위에 골
   고루 펴 바른다.
2. 슈레드 모짜렐라치즈를 뿌리고, 토핑 재료를 올린다.
3. 에어프라이어에 넣고 180도에서 5분간 굽는다.

1  **2**

3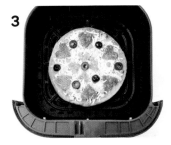

엘리's Tip ▸ 토핑 재료는 무엇이든 상관없어요. 아이가 좋아하는 채소를 듬뿍 올
려도 되고, 좋아하지 않는 채소를 극소량 얹어서 새로운 채소를 먹도
록 시도해보는 것도 좋아요.

하와이안피자

피자는 다양한 재료를 토핑으로 올려 아이들에게 새로운 식재료를 선보이기 좋은 메뉴예요. 파인 애플과 햄으로 하와이안피자를 만들어보는 건 어떨까요? 주말의 점심 식사로 먹기 좋고, 간식으로도 좋고, 무엇보다 만들기 쉬워서 좋답니다.

재료

· 피타브레드 1장

· 슈레드 모짜렐라치즈
  1/2컵

· 피자소스 1큰술

토핑 재료

· 햄 적당량

· 잘게 썬 파인애플 1/4컵

만드는 방법

1. 피타브레드에 피자소스를 골고루 펴 바른다.

2. 슈레드 모짜렐라치즈를 뿌리고, 토핑 재료를 올린다.

3. 에어프라이어에 넣고 180도에서 5~7분간 굽는다.

2  **3**

햄치즈포켓파이

냉동 파이생지만 있으면 언제든 간단하게 만들어낼 수 있는 파이 레시피예요. 아이들이 좋아하는 햄과 치즈로 속을 꽉꽉 채워서 항상 인기가 최고죠. 입 안에서 바삭바삭하게 녹아내리는 파이를 함께 구워볼까요?

재료

· 냉동 파이생지 1장

· 달걀 1개

· 슬라이스 햄 2장

· 슬라이스 치즈 2장

만드는 방법

1. 냉동 파이생지는 햄과 치즈를 감싸기 좋은 크기로 자른다. 볼에 달걀을 넣고 잘 풀어 달걀물을 만든다.

2. 햄과 치즈는 겹쳐서 돌돌 말아 냉동 파이생지 위에 올린다. 가장 자리에 달걀물을 바른다.

3. 파이생지로 햄과 치즈를 감싸고, 포크로 가장자리를 꾹꾹 눌러 여민다.

4. 파이생지 윗면에 달걀물을 골고루 바르고, 200도로 예열한 오 븐에서 20~24분간 굽는다.

엘리's Tip
× 냉동 파이생지는 요리하기 30분 전에 냉동실에서 꺼내 실온에 둬요.
× 슬라이스 햄이 없으면 일반 햄을 잘게 썰어서 치즈로 감싼 후 파이 생지에 올려요.

파마산치즈파스타

삶은 파스타면은 먹지만 소스가 버무려진 파스타는 안 먹는 아이에게 주기 좋은 음식이에요. 특별한 소스를 넣지 않았지만 삶은 파스타면과 파마산치즈가 어우러져 씹을수록 풍미가 살아나요. 음식의 색깔이나 식감에 거부감이 심한 아이들도 잘 먹을 수 있어요.

재료

· 파스타면 1/2컵

· 완두콩 1/4컵

· 옥수수 1/4컵

· 버터 1큰술

· 슈레드 파마산치즈 1/4컵

만드는 방법

1. 냄비에 물을 붓고 끓기 시작하면 파스타면을 넣어 6~8분간 삶는다. 완두콩과 옥수수를 넣고 2분 더 삶는다.

2. 물을 따라 버린 후 냄비를 다시 중간 불에 올려 버터를 녹인다. 슈레드 파마산치즈를 넣고 섞은 뒤 치즈가 녹으면 불을 끈다.

엘리's Tip × 파스타면은 로티니나 엘보, 푸실리를 사용해요.

시금치요거트파스타

아이들에게 친근한 요거트로 소스를 만들고, 시금치로 산뜻한 초록색을 낸 파스타예요. 숟가락이나 포크 사용이 능숙하지 않더라도 아이들이 스스로 파스타를 먹으면서 맛과 색깔을 탐색하게 도와주세요.

재료

· 파스타면 1/2컵

· 아보카도 1/4개

· 시금치 잎부분 1줌

· 버터 1/2큰술

· 슈레드 모짜렐라치즈
  2큰술

· 우유 3큰술

· 플레인요거트 2큰술

· 갈릭파우더 2꼬집

만드는 방법

1. 블렌더에 아보카도와 시금치, 우유, 플레인요거트를 넣고 갈아 시금치퓨레를 만든다.

2. 냄비에 물을 붓고 끓기 시작하면 파스타면을 넣어 8~10분간 삶은 뒤 물을 따라 버린다.

3. 냄비를 그대로 다시 중간 불에 올린다. 시금치퓨레와 버터, 슈레드 모짜렐라치즈, 갈릭파우더를 넣고 섞은 뒤 치즈가 녹으면 불을 끈다.

카레샐러드파스타

항상 밥과 즐기던 카레에 밥 대신 파스타면을 넣어보면 어떨까요? 카레의 노란색을 내는 성분인 커큐민은 아이들의 두뇌 발달을 돕는다고 알려져 있어요. 맛도 잡고, 영양도 잡고, 아이의 두뇌 발달까지 함께 잡아볼까요?

재료

· 파스타면 1/2컵

· 다진 당근 2큰술

· 잘게 썬 브로콜리 2큰술

· 옥수수 1/2컵

· 플레인요거트 1/4컵

· 아가베시럽 1작은술

· 카레가루 1작은술

· 갈릭파우더 1/2작은술

· 올리브오일 2작은술

만드는 방법

1. 볼에 플레인요거트와 아가베시럽, 카레가루, 갈릭파우더, 올리브오일을 넣고 섞어 카레드레싱을 만든다.

2. 냄비에 물을 붓고 끓기 시작하면 파스타면을 넣어 6~8분간 삶는다. 당근과 브로콜리, 옥수수를 넣고 2분 더 삶는다.

3. 삶은 파스타면과 채소는 찬물에 재빨리 헹궈서 열기를 빼고, 체에 밭쳐 물기를 뺀다.

4. 큰 볼에 파스타면과 채소, 카레드레싱을 넣어 골고루 섞는다.

코티지치즈크림파스타

코티지치즈와 파마산치즈의 고소한 맛에 갈릭파우더로 풍미를 더해 아이들뿐 아니라 어른들도 좋아하는 파스타예요. 만들기 복잡할 것 같지만 코티지치즈와 파마산치즈, 우유만 있으면 누구나 금방 만들 수 있는 간단한 레시피랍니다.

재료

· 파스타면 1/2컵

· 잘게 썬 브로콜리 1/2컵

· 버터 1/2큰술

· 코티지치즈 1/4컵

· 파마산치즈가루 1/4컵

· 우유 1/4컵

· 갈릭파우더 1/2작은술

만드는 방법

1. 블렌더에 코티지치즈와 파마산치즈가루, 우유, 갈릭파우더를 넣고 갈아 크림소스를 만든다.

2. 냄비에 물을 붓고 끓기 시작하면 파스타면을 넣어 6~8분간 삶는다.

3. 브로콜리를 넣고 2분 더 삶는다.

4. 물을 따라 버리고 냄비에 버터를 넣어 녹인다. 크림소스를 넣어 중간 불에서 잘 섞은 뒤 치즈가 녹으면 불을 끈다.

1

3

4

엘리's Tip
× 브로콜리 대신 콜리플라워나 완두콩, 그린빈을 넣어도 맛있어요.

× 익힌 닭고기나 새우, 해산물을 잘게 썰어 넣어도 좋아요.

Part 5
알차고 든든한
저녁 메뉴

망고슬라피조

넉넉하게 만들어두고 다양한 방법으로 여러 끼니에 나눠 먹기 좋은 메뉴예요. 보통은 햄버거빵 사이에 넣어 먹거나 파스타소스로 활용하고, 밥 위에 올려 덮밥으로 먹어도 맛있는 한끼 식사가 뚝딱 완성돼요.

재료

· 다진 소고기 200g

· 망고 1개

· 다진 양파 1/4컵

· 올리브오일 1큰술

소스 재료

· 케첩 1/2컵

· 토마토소스 1/2컵

· 아가베시럽 1큰술

· 갈릭파우더 1/2작은술

만드는 방법

1. 망고는 잘게 썬다. 볼에 재료를 모두 넣고 섞어 소스를 만든다.

2. 팬에 올리브오일을 두르고, 소고기를 넣어 육즙이 생길 때까지 볶는다. 육즙은 따라 버리고 망고와 양파를 넣고 볶는다.

3. 소스를 붓고 졸이다가 끓어 오르면 불을 끈다.

엘리's Tip

＊ 망고 대신 다양한 색깔의 피망을 넣어도 좋아요.

＊ 햄버거빵이나 모닝빵 사이에 슬라피조를 듬뿍 끼워서 먹거나 스파게티면에 버무려 먹어도 맛있어요.

197

볼로네즈미트스파게티소스

한 번 만들어서 소분한 뒤 냉동실에 얼려두고 급할 때 사용하기 좋은 스파게티소스예요. 소고기와 채소가 듬뿍 들어 있어, 파스타면만 추가하면 필요한 영양소를 모두 챙길 수 있죠. 언제든 든든한 한끼 식사가 완성된답니다.

재료

· 다진 소고기 200g

· 토마토 5개(650g)

· 다진 양파 1컵

· 간 당근 1/3컵

· 다진 샐러리 1큰술

· 다진 파슬리 1큰술

· 다진 바질 1큰술

· 소금 1/4작은술

· 다진 마늘 1큰술

· 올리브오일 1큰술

만드는 방법

1. 토마토 3개는 잘게 다진다.

2. 블렌더에 나머지 토마토 2개를 넣고 갈아 토마토퓨레를 만든다.

3. 달군 팬에 소고기를 넣고 갈색이 되도록 볶은 후 접시에 덜어두고, 키친타월로 팬을 닦아낸다.

4. 팬에 올리브오일을 두른다. 센 불에 양파와 샐러리, 다진 마늘을 넣고 볶다가 양파가 투명해지면 간 당근을 넣고 2분간 볶는다.

5. 덜어둔 소고기와 잘게 다진 토마토, 토마토퓨레, 파슬리와 바질, 소금을 넣고 끓인다.

6. 끓어 오르면 불을 중간 불로 줄이고 뚜껑을 덮는다. 20분간 때때로 저으며 되직해지면 불을 끈다.

파마산치킨바이트

아이들이 한입에 쏙 먹기 좋은 크기로 만든 치킨바이트예요. 빵가루로 옷을 입히고, 파마산치즈를 더해 고소하고 바삭바삭한 맛과 식감이 일품이죠. 채소와 과일을 곁들여 영양소의 균형이 잡힌 한끼 식사로 내주어도 좋고, 엄마아빠의 반찬으로 먹어도 좋아요.

재료

· 닭가슴살 200g

· 달걀 1개

· 슈레드 파마산치즈 1/4컵

· 우유 2큰술

· 밀가루 1/4컵

· 빵가루 1/2컵

· 후추 1꼬집

만드는 방법

1. 닭가슴살은 한입 크기로 자른 후 볼에 넣고, 우유를 부어 5~10분 가량 재운다.

2. 다른 볼에 달걀을 넣고 잘 풀어 달걀물을 만든다. 접시에 슈레드 파마산치즈와 빵가루, 후추를 붓고 잘 섞어 치즈빵가루를 만든다.

3. 재웠던 우유는 따라서 버린 다음 닭가슴살에 밀가루를 골고루 묻힌다.

4. 닭가슴살은 달걀물에 담갔다가 꺼내 치즈빵가루를 묻힌다.

5. 에어프라이에 닭가슴살을 넣고 오일스프레이를 뿌린 다음 180도에서 8분 굽고, 뒤집어서 5분 더 굽는다.

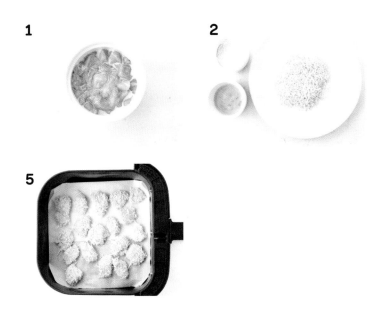

치킨너겟

'겉은 바삭, 속은 촉촉'의 정석! 씹을수록 담백한 맛에 감탄이 저절로 나오는 치킨너겟 레시피를 소개합니다. 집에서 정성을 담아 만든 엄마표 너겟이라 첨가물 없이 건강하죠! 안심하고 아이들에게 줄 수 있어요.

재료

· 다진 닭고기 200g

· 달걀 1개

· 반죽용 빵가루 1/4컵

· 튀김용 빵가루 1/2컵

· 갈릭파우더 1/2작은술

· 어니언파우더 1/2작은술

· 후추 1꼬집

만드는 방법

1. 볼에 튀김용 빵가루를 제외한 모든 재료를 넣는다. 골고루 섞으며 치대서 반죽을 만든다.

2. 접시에 튀김용 빵가루를 붓고, 반죽을 1큰술씩 떠서 굴리며 빵가루를 묻힌다. 살짝 눌러서 동글납작한 형태로 만든다.

3. 에어프라이에 반죽을 넣고 오일스프레이를 뿌린 다음 180도에 8분, 뒤집어서 오일스프레이를 다시 뿌려 5분 더 굽는다.

1

2
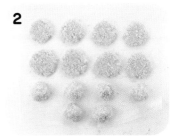

3

엘리's Tip ✳ 에어프라이어가 없을 때는 팬에 기름을 넉넉히 두르고 앞뒤로 노릇노릇하게 구워요.

연어너겟

몸에 좋은 지방산으로 불리는 오메가-3와 뼈 건강에 좋은 비타민 D가 듬뿍 함유된 연어를 너겟으로 만나요. 한꺼번에 많이 먹기 힘든 연어를 너겟으로 만들어 성장기 아이들에게 필요한 영양소를 꾹꾹 눌러 담았어요.

재료

- 연어필레 1개
- 달걀 1개
- 슈레드 파마산치즈 1/4컵
- 밀가루 2큰술
- 빵가루 1컵
- 갈릭파우더 1/2작은술
- 어니언파우더 1/2작은술

만드는 방법

1. 연어필레는 한입 크기로 자른 후 갈릭파우더와 어니언파우더로 밑간한다.

2. 볼에 달걀을 넣고 잘 풀어 달걀물을 만든다. 접시에 슈레드 파마산치즈와 빵가루를 붓고 잘 섞어 치즈빵가루를 만든다.

3. 연어필레에 밀가루를 묻힌 후 달걀물에 담갔다가 꺼내고, 치즈빵가루를 묻힌다.

4. 에어프라이에 연어필레를 넣고 오일스프레이를 뿌린 다음 180도에서 8분, 뒤집어서 4분 더 익힌다.

엘리's Tip
* 요거트허니머스터드드레싱(58쪽)이나 타르타르소스에 찍어 먹으면 더욱 맛있어요.
* 에어프라이어에 연어필레를 구울 때 당근이나 그린빈, 아스파라거스 등의 채소를 함께 구워서 곁들이면 더욱 영양소가 균형 잡힌 식사를 준비할 수 있어요.

망고치킨볼

망고와 카레가루가 들어가 보기만 해도 군침이 도는 노란 색깔이 아이들의 호기심을 자극해요.
카레의 강한 향을 싫어하면 강황가루를 넣어 만들고, 글루텐 알러지가 있으면 빵가루 대신 쌀가
루나 아몬드가루를 사용해 글루텐 프리 치킨볼을 만들어주세요.

재료

· 롤드 오트 1컵

· 다진 닭가슴살 200g

· 망고 1/2개

· 양파 1/4개

· 당근 1/2개

· 코코넛밀크 1/2컵

· 빵가루 1/2컵

· 카레가루 1/2작은술

· 소금 1/2작은술

  (생략 가능)

만드는 방법

1. 볼에 롤드 오트와 코코넛밀크를 넣고, 롤드 오트를 15분간 불린 다음 체에 밭쳐 코코넛밀크를 제거한다.

2. 망고는 껍질을 까고 양파, 당근과 함께 적당한 크기로 자른다.

3. 블렌더에 불린 롤드 오트와 망고, 양파, 당근을 넣고 간다. 닭가슴살과 나머지 재료를 모두 넣고 갈아 반죽을 만든다.

4. 반죽을 1큰술씩 떠서 동그랗게 빚은 다음 유산지를 깐 오븐 팬에 올린다. 180도로 예열한 오븐에서 20~23분간 굽는다.

1

2

3
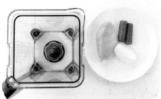

4

엘리's Tip

※ 반죽을 빚을 때 손바닥에 올리브오일을 약간 묻히면 달라붙지 않아요.

※ 코코넛밀크 대신 우유나 두유, 아몬드밀크를 사용해도 좋아요.

※ 요거트허니머스터드드레싱(58쪽)에 찍어 먹으면 더욱 맛있어요.

시금치참치퀴노아동그랑땡

키 성장에 좋은 시금치와 두뇌 성장을 돕는 DHA가 풍부한 참치, 단백질이 쌀보다 2배 더 많은 퀴노아로 아이들이 좋아하는 동그랑땡을 만들어보세요. 채소를 싫어하는 아이들도 거부감 없이 잘 먹는답니다!

재료

· 익힌 퀴노아 1/4컵

· 참치 1/2컵

· 달걀 1개

· 다진 적양파 1/4컵

· 다진 빨강 피망 2큰술

· 시금치 잎부분 1/2컵

· 플레인요거트(또는
  그릭요거트) 1큰술

· 아몬드가루 2큰술

· 올리브오일 약간

만드는 방법

1. 블렌더에 달걀과 시금치, 플레인요거트를 넣고 갈아 시금치퓨레를 만든다.

2. 참치는 꾹꾹 짜내어 기름을 제거한다.

3. 볼에 시금치퓨레와 참치, 적양파와 빨강 피망, 아몬드가루를 넣고 섞어서 반죽을 만든다.

4. 달군 팬에 올리브오일을 두르고, 반죽을 1큰술씩 떠서 앞뒤로 노릇노릇하게 굽는다.

3

4

그린빈갈릭버터치킨

비타민 C와 칼슘, 철분 함량이 높은 그린빈은 살짝 데쳐서 그대로 먹어도 좋지만 메인 요리와 함께 조리하면 간단하게 사이드 요리로 만들어낼 수 있어요. 다진 마늘과 버터의 맛이 배어들어 더욱 맛있어진 닭고기를 먹어볼까요?

재료

· 닭가슴살 200g

· 그린빈 1/2컵

· 버터 2큰술

· 치킨브로스
 (또는 치킨스톡) 2큰술

· 갈릭파우더 1작은술

· 어니언파우더 1작은술

· 다진 마늘 1작은술

· 올리브오일 1작은술

· 후추 1꼬집

만드는 방법

1. 닭가슴살은 한입 크기로 잘게 자른 후 갈릭파우더와 어니언파우더, 후추로 밑간한다.

2. 그린빈은 양쪽 끝부분을 잘라내고, 손가락 두 마디 정도 길이로 자른다.

3. 달군 팬에 버터와 올리브오일을 넣고, 다진 마늘을 넣어 향을 낸 뒤 닭가슴살을 넣고 굽는다.

4. 닭고기의 겉면이 하얗게 변하면 그린빈과 치킨브로스를 넣고 졸인다. 닭가슴살이 완전히 익으면 불을 끈다.

1

4

엘리's Tip * 그린빈 대신 아스파라거스를 넣어도 좋아요.

치킨프리터

기름에 지글지글하게 튀겨낸 닭고기는 아이들도 어른들도 사랑하죠! 프라이드치킨보다 만들기 훨씬 간편하지만 맛있는 치킨프리터를 소개합니다. 프리터는 한식의 전과 비슷한 요리예요. 닭가슴살로 만든 반죽을 구워내기만 하면 끝! 한번 도전해보세요.

재료

· 닭가슴살 100g

· 달걀 1개

· 빵가루 1큰술

· 갈릭파우더 2작은술

· 어니언파우더 1작은술

· 올리브오일 약간

· 후추 1꼬집

만드는 방법

1. 닭가슴살은 뭉텅뭉텅 썬다. 블렌더에 올리브오일을 제외한 모든 재료를 넣고 갈아 반죽을 만든다.

2. 중간 불로 달군 팬에 올리브오일을 두르고, 반죽을 1큰술씩 떠서 앞뒤로 노릇노릇하게 굽는다.

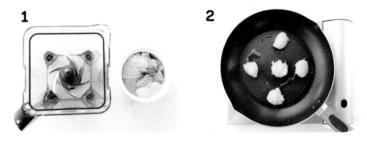

홈메이드 소시지

엄마가 직접 만들어 안심, 아이들이 잘 먹어서 또 안심하는 홈메이드 소시지! 아이들이 소시지를
잘 먹는데 마냥 주기엔 걱정이 많았죠? 오랫동안 연구해온 건강한 소시지 레시피를 공개합니다.
아이들도 엄마도 즐거운 식사 시간이 될 거예요.

재료

· 다진 돼지고기 200g

· 갈릭파우더 1/2작은술

· 어니언파우더 1/2작은술

· 세이지파우더 1/2작은술

· 오레가노파우더
  1/2작은술

· 올리브오일 약간

· 소금 2꼬집

· 후추 2꼬집

만드는 방법

1. 볼에 올리브오일을 제외한 모든 재료를 넣는다. 골고루 섞으며 끈기가 생길 때까지 치대서 반죽을 만든다.

2. 반죽을 먹기 좋은 크기로 길쭉하게 빚는다.

3. 달군 팬에 올리브오일을 두르고, 반죽을 굴리면서 노릇노릇하게 굽는다.

1

2

3

미트볼

양볼이 불룩 튀어나올 정도로 아이들이 맛있게 먹는 미트볼. 부드러운 식감과 짭쪼름한 맛이 잘 어우러져 입맛 까다로운 아이들도 한 그릇 뚝딱 잘 먹어준답니다. 다양한 채소를 조금씩 더해 요리하기에도 좋아요. 마음껏 응용해보세요!

재료

· 다진 소고기 100g

· 다진 돼지고기 100g

· 달걀 1개

· 다진 양파 1/3컵

· 다진 당근 1/4컵

· 다진 파슬리(또는 부추)
  1/4컵

· 파마산치즈가루 1/4컵

· 우유 1큰술

· 빵가루 1/4컵

만드는 방법

1. 볼에 모든 재료를 넣고, 끈기가 생길 때까지 치대서 반죽을 만든다.

2. 반죽을 한입 크기로 동그랗게 빚은 다음 유산지를 깐 오븐 팬에 올린다.

3. 190도로 예열한 오븐에서 15~18분간 굽는다.

  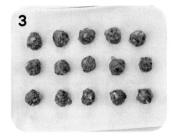

엘리's Tip
× 동그랗게 빚은 반죽(1큰술)의 크기가 크면 오븐에서 22~25분간 익혀요.
× 팬에서 조리할 때는 동글납작하게 눌러 동그랑땡처럼 구워요.
× 익힌 파스타면과 함께 먹어도 좋고, 스파게티소스를 뿌려 먹어도 맛있어요.

미트로프

미트로프는 곱게 다진 소고기를 식빵 모양으로 만든 요리예요. 소고기 특유의 퍽퍽한 식감이 전혀 느껴지지 않고 부드러우면서 촉촉해 온가족이 먹기에 좋답니다. 특별한 날을 위한 메뉴로 내놓아도 손색없는 요리니 꼭 만들어보세요.

재료

· 다진 소고기 450g

· 달걀 1개

· 다진 양파 1/2컵

· 우유 1/2컵

· 케첩 2큰술

· 우스터소스 1큰술

· 빵가루 1컵

· 갈릭파우더 1작은술

· 파슬리가루 1작은술

· 소금 3/4작은술

· 후추 1꼬집

소스 재료

· 케첩 1/4컵

· 식초 1큰술

· 흑설탕 2큰술

만드는 방법

1. 볼에 빵가루를 넣고 우유를 부어 10분간 불린다.
2. 다른 볼에 소스 재료를 모두 넣고 섞어 소스를 만든다.
3. 큰 볼에 다진 소고기와 불린 빵가루, 나머지 재료를 모두 넣고 치대서 반죽을 만든다.
4. 식빵 틀에 넣거나 식빵 모양으로 만든 유산지에 반죽을 채운다. 그 위에 소스를 골고루 펴 바른다.
5. 170도로 예열한 오븐에서 55분간 굽고, 한김 식힌 뒤 식빵처럼 자른다.

엘리's Tip
✕ 오븐에서 꺼낸 후 바로 자르면 모양이 흐트러지기 쉬우니 10분 정도 식힌 후에 잘라요.
✕ 파슬리가루가 없으면 생파슬리를 잘게 다져서 넣어요.

연어데리야끼

연어의 담백한 맛에 짭짤한 홈메이드 데리야끼소스를 더해 없던 입맛도 살려주는 메뉴가 완성됐어요. 집에 항상 있는 재료들로, 설탕이 없어도 간단히 만들 수 있는 소스 레시피를 공개할게요. 다시마 덕분에 은은한 단맛이 나서 아이들이 참 좋아해요.

재료

· 연어필레 2개

· 잘게 썬 브로콜리 1/4컵

· 올리브오일 약간

데리야끼소스 재료

· 간장 1큰술

· 미림 2큰술

· 아가베시럽 1/2큰술

· 다시마 우린 물 1큰술

만드는 방법

1. 볼에 재료를 모두 넣고 섞어 데리야끼소스를 만든다.

2. 데리야끼소스를 만든 볼에 연어필레와 브로콜리를 넣는다. 연어 필레의 윗면에 데리야끼소스를 끼얹은 다음 20분 정도 재운다.

3. 중간 불로 달군 팬에 올리브오일을 두르고, 연어필레와 브로콜리를 넣는다. 연어필레의 겉면이 노릇노릇하게 익을 정도로 굽는다.

4. 연어필레를 재웠던 데리야끼소스를 팬에 붓는다. 데리야끼소스를 끼얹으며 익히고 자작하게 졸아들면 불을 끈다.

2

3

4

대구크로켓

대구살이 부드러운 감자 사이에 쏙쏙 들어가 씹는 식감이 좋을 뿐만 아니라 파마산치즈의 고소함
덕분에 정말 맛있는 크로켓 레시피예요. 겉은 바삭바삭하고 속은 부드러워서 중기 이유식을 끝낸
아기들도 먹기 좋아요.

재료

· 대구필레 1개(200g)

· 달걀 1개

· 으깬 감자 1컵

· 다진 양파 · 파슬리
  1큰술씩

· 슈레드 파마산치즈 2큰술

· 반죽용 빵가루 2큰술

· 튀김용 빵가루 1/2컵

· 올리브오일 약간

· 물 1/2컵

만드는 방법

1. 팬에 물을 붓고 끓기 시작하면 대구필레를 넣어 5분간 앞뒤로 익힌다.

2. 볼에 대구필레와 달걀, 으깬 감자, 양파, 파슬리, 슈레드 파마산 치즈, 반죽용 빵가루를 넣고 골고루 섞어 반죽을 만든다.

3. 접시에 튀김용 빵가루를 붓고, 반죽을 1큰술씩 동그랗게 빚은 다음 접시에 굴려 빵가루를 골고루 묻힌다. 살짝 눌러서 동글납작한 형태로 만든다.

4. 중간 불로 달군 팬에 올리브오일을 두르고, 반죽을 앞뒤로 노릇노릇하게 굽는다.

파인애플폭찹

단백질 분해 효소가 풍부한 파인애플을 고기 요리에 넣으면 소화가 잘 돼죠! 파인애플은 새콤달콤한 맛으로 고기의 느끼함을 잡아주고 충치를 예방하는 효과도 낸답니다. 숨겨진 재능이 많은 파인애플로 폭찹을 만들어볼까요?

재료

· 돼지고기(안심) 150g

· 잘게 썬 파인애플 1컵

· 잘게 썬 빨강 · 초록 피망

  2큰술씩

밑간 재료

· 파인애플즙

  (또는 파인애플주스)

  1큰술

· 간장 1큰술

· 다진 마늘 1작은술

· 생강파우더 1꼬집

만드는 방법

1. 볼에 밑간 재료를 모두 넣고 섞은 다음 돼지고기를 넣어 30분
   간 재운다.
2. 팬에 밑간한 돼지고기를 넣고 익힌다.
3. 돼지고기가 거의 익어갈 때쯤 파인애플과 빨강 피망, 초록 피망
   을 넣고 살짝 볶은 후 불을 끈다.

크림치즈치킨타키토스

타키토스는 작은 사이즈의 또띠아에 속재료를 넣고 말아 튀긴 멕시코 음식이에요. 좋아하는 채소나 과일을 곁들여 먹어도 좋고, 살사소스에 찍어 먹어도 맛있어요. 아이들이 손에 들고 먹을 수 있어 식사 시간이 편해지고, 속재료만 바꾸면 다양하게 응용할 수 있어요.

재료

· 또띠아 5~6장

· 익혀서 잘게 찢은
  닭가슴살 1/2컵

· 시금치 잎부분 1/4컵

· 슈레드 체다치즈 1/4컵

· 크림치즈 60g

· 그릭요거트 2큰술

· 갈릭파우더 1/4작은술

· 어니언파우더 1/4작은술

· 올리브오일 약간

만드는 방법

1. 크림치즈는 실온에 20분간 두어 부드러운 상태가 되도록 준비한다.

2. 볼에 또띠아와 올리브오일을 제외한 모든 재료를 넣고 골고루 섞는다.

3. 또띠아에 ②를 2/3 지점까지 골고루 펴 바른다.

4. 김밥을 말듯이 또띠아를 돌돌 말고, 접히는 부분이 바닥을 향하도록 둔다.

5. 팬에 올리브오일을 넉넉하게 두르고 또띠아를 굴리면서 노릇노릇하게 익힌다.

1

2

3

4

엘리's Tip ＊ 또띠아는 지름 15cm 사이즈를 사용했어요. 더 큰 또띠아를 사용하면 속재료가 많이 들어가니, 또띠아를 사각형으로 잘라서 적당한 사이즈로 만들어 요리해요.

파인애플새우볶음밥

파인애플의 새콤달콤한 맛과 새우의 탱글탱글한 식감, 다채로운 채소의 색이 잘 어울리는 예쁘고 맛있는 볶음밥이에요. 다양한 색깔의 피망과 적양파 등의 채소를 넣어서 아이들에게 '무지개볶음 밥'으로 소개해보세요. "우와" 하며 반가워할 거예요.

재료

· 밥 1컵

· 파인애플 1/2컵

· 잘게 썬 새우 1/2컵

· 잘게 썬 빨강 피망 · 쪽파
  1/4컵씩

· 참기름 1작은술

· 다진 마늘 1작은술

· 올리브오일 약간

소스 재료

· 파인애플즙 1/2큰술

· 간장 1/2큰술

만드는 방법

1. 볼에 재료를 모두 넣고 섞어 소스를 만든다.

2. 팬에 올리브오일을 두르고 빨강 피망과 쪽파, 다진 마늘을 넣는다. 알싸한 향이 올라오면 새우를 넣고 볶는다.

3. 새우가 익기 시작하면 밥과 소스를 넣어 잘 섞으며 볶고, 파인애플과 참기름을 넣고 섞은 뒤 불을 끈다.

소고기소보로덮밥

철분과 단백질이 풍부한 소고기를 양껏 먹이고 싶지만 질긴 식감 때문에 잘 먹지 못하는 아이들
이 많아요. 그래서 고민 끝에 치아가 덜 발달된 아이들도 쉽게 먹을 수 있도록 다진 소고기로 덮
밥을 만들었어요. 한번 시도해보세요.

재료

· 밥 1컵

· 다진 소고기 200g

소스 재료

· 간장 2큰술

· 아가베시럽 2큰술

· 생강파우더 1/2작은술

· 참기름 1/2큰술

· 다진 마늘 1작은술

만드는 방법

1. 볼에 재료를 모두 넣고 섞어 소스를 만든다.

2. 중간 불로 달군 팬에 다진 소고기를 볶는다.

3. 소고기의 붉은색이 사라질 정도로 익으면 소스를 넣고 볶는다. 자작하게 졸아들면 불을 끄고 밥 위에 올린다.

엘리's Tip ✻ 아가베시럽 대신 꿀이나 메이플시럽을 넣어도 좋아요.

파인애플치킨덮밥

파인애플로 건강한 맛을 낸 한 그릇 밥 요리예요. 새콤한 파인애플이 고기 때문에 자칫 더부룩해 질 수 있는 속을 편하게 만들어줘요. 아이들의 기호에 따라 좋아하는 채소를 추가로 넣거나 먹지 않는 채소는 빼고 조리해도 된답니다.

재료

· 밥 1컵

· 닭가슴살 280g

· 잘게 썬 파인애플 1/4컵

· 다진 당근 1/4컵

· 다진 적양파 1/4컵

· 다진 빨강 · 노랑 피망
  1/4컵씩

· 올리브오일 1큰술

소스 재료

· 케첩 1/2작은술

· 저염 간장 1/2큰술

· 식초 2/3큰술

· 파인애플즙 1/4컵

· 전분가루 1/2작은술

· 갈릭파우더 1작은술

만드는 방법

1. 닭가슴살은 한입 크기로 썬다.

2. 볼에 재료를 모두 넣고 섞어 소스를 만든다.

3. 팬에 올리브오일을 두르고, 적양파를 넣고 살짝 볶은 다음 닭 가슴살을 넣고 겉면이 하얗게 익을 때까지 볶는다.

4. 당근과 빨강 피망, 노랑 피망을 넣고 2분 정도 더 볶는다.

5. 소스를 붓고 끓기 시작하면 파인애플을 넣는다. 살짝 섞으며 볶은 뒤 불을 끄고 밥 위에 올린다.

3

4

5

엘리's Tip ＊ 소스에 파인애플 과육이 들어가면 탁해져요. 파인애플즙만 넣거나 파인애플주스를 사용해 깔끔한 맛을 내요.

코코넛치킨카레

코코넛밀크의 부드러움이 카레의 강한 향을 중화시키고, 씹을수록 달콤한 고구마 덕분에 아이들도 잘 먹는 순한 카레랍니다. 한 그릇 안에 모든 영양소가 골고루 갖춰져 있어, 한끼 식사로 먹기에 아주 좋아요.

재료

· 밥 1컵

· 닭가슴살 280g

· 깍둑 썬 고구마 1/2컵

· 깍둑 썬 양파 1/2컵

· 완두콩 2큰술

· 코코넛밀크 3/4컵

· 치킨스톡 3/4컵

· 카레가루 1/3컵

· 올리브오일 1큰술

만드는 방법

1. 닭가슴살은 잘게 깍둑썬다.

2. 냄비에 올리브오일을 두른다. 고구마와 양파를 넣고, 양파가 투명해질 때까지 볶다가 닭가슴살을 넣는다.

3. 닭가슴살의 겉면이 하얗게 익으면 완두콩과 코코넛밀크, 치킨스톡을 넣는다.

4. 끓기 시작하면 카레가루를 조금씩 넣으며 덩어리지지 않도록 저으며 끓인다. 원하는 농도가 되면 불을 끄고 밥 위에 올린다.

2  **3**  **4**

엘리's Tip × 걸쭉한 카레를 원하면 카레가루를 1큰술 더 추가해요.

망고애플코코넛카레

망고와 사과를 넣자 색다르고 특별한 카레가 탄생했어요! 아이들에게는 맵게 느껴질 수 있는 카레의 맛을 달콤한 과일들이 순하고 부드럽게 변신시켜줘요. 오늘 저녁에 뭐 해먹을까 고민하지 말고 만들어보세요.

재료

· 밥 1컵

· 닭가슴살 280g

· 사과 1/2개

· 망고 1개

· 깍둑 썬 양파 1/4컵

· 깍둑 썬 빨강 피망 1/4컵

· 코코넛밀크 2컵

· 카레가루 1/3컵

· 다진 마늘 1작은술

· 올리브오일 약간

만드는 방법

1. 닭가슴살과 사과, 망고는 잘게 깍둑썬다.

2. 냄비에 올리브오일을 두른다. 양파와 빨강 피망, 다진 마늘을 넣고, 양파가 투명해질 때까지 볶다가 닭가슴살을 넣는다.

3. 닭가슴살의 겉면이 하얗게 익으면 사과와 망고, 코코넛밀크를 넣는다.

4. 끓기 시작하면 카레가루를 조금씩 넣으며 덩어리지지 않도록 저으며 끓인다. 원하는 농도가 되면 불을 끄고 밥 위에 올린다.

2

3

4

새우채소리조또

리조또는 원래 쌀을 끓인 다음 죽 같은 식감이 될 때까지 오래 요리해야 하지만 밥을 사용하면 조리 과정과 시간이 줄어요. 유아식뿐 아니라 이유식으로도 좋고, 아이가 아플 때 먹어도 좋은 음식이에요.

재료

· 밥 1컵

· 잘게 썬 새우 1/2컵

· 다진 당근 1/4컵

· 다진 양파 2큰술

· 다진 애호박 1/2컵

· 다진 샐러리 1/4컵

· 완두콩 2큰술

· 버터 1/2큰술

· 슈레드 파마산치즈 1컵

· 치킨스톡 1컵

· 다진 마늘 1작은술

만드는 방법

1. 달군 냄비에 버터를 녹이고, 양파와 다진 마늘을 넣는다. 양파가 투명해질 때까지 볶다가 새우와 나머지 채소를 모두 넣고 볶는다.

2. 채소의 숨이 죽으면 밥과 치킨스톡을 넣고 저으면서 끓인다.

3. 묽은 죽 상태가 되면 불을 끄고, 슈레드 파마산치즈를 넣어 잘 녹아들도록 섞는다.

엘리's Tip
✕ 한꺼번에 많은 양을 만들어 냉동실에 보관해요. 리조또를 데울 때는 우유를 약간 더해 원하는 묽기로 만들어요.
✕ 파마산치즈 대신 체다치즈를 넣어도 맛있어요.
✕ 아이의 취향에 따라 채소 종류를 더하거나 빼요.

소고기우동볶음

아이주도 유아식을 할 때 면 요리를 주면 아이들이 면을 만지며 촉감과 식감을 느끼고, 후루룩 빨아들이거나 끊어 먹는 행동 덕분에 식사 시간을 재미있는 놀이처럼 받아들여요. 엄마가 먹여주는 것보다 아이들이 훨씬 더 즐겁게 먹을 수 있으니 혼자서 소고기우동볶음을 먹게 해주세요.

재료

· 우동면 1인분

· 소고기(안심) 200g

· 채 썬 당근 1/4컵

· 잘게 썬 브로콜리 1/4컵

· 슬라이스한 양송이버섯
  1/4컵

· 올리브오일 약간

양념 재료

· 굴소스 1큰술

· 간장 1큰술

· 아가베시럽 1작은술

· 생강파우더 1꼬집

· 참기름 1작은술

· 다진 마늘 1큰술

만드는 방법

1. 볼에 재료를 모두 넣고 섞어 양념을 만든다.

2. 소고기는 한입 크기로 썬다.

3. 냄비에 물을 붓고 우동면을 데친 다음 찬물에 헹구고 체에 밭쳐 물기를 뺀다.

4. 팬에 올리브오일을 두르고, 소고기를 볶는다.

5. 소고기가 갈색으로 변하기 시작하면 채소를 넣고 볶는다.

6. 채소의 숨이 죽으면 우동면과 양념을 넣고 재빨리 섞은 뒤 불을 끈다.

 ✳ 아이의 씹는 능력이 부족하면 소고기를 더 잘게 썰거나 불고기감을 사용해요. 불고기감으로 요리할 때는 채소부터 볶다가 고기를 볶고, 마지막에 우동면과 양념을 넣어요.

✳ 소고기 대신 닭고기나 해산물 등의 단백질 식재료를 넣어 다양하게 응용해요.

치킨누들수프

한국에서는 영양을 가득 보충하고 싶을 때 삼계탕을 먹죠? 미국에서는 컨디션이 안 좋을 때나 속이 더부룩할 때, 간단하게 먹고 싶을 때 치킨누들수프를 찾는답니다. 담백한 육수에 부드러운 닭고기, 푹 익힌 채소가 더해진 영양 만점 수프를 만나보세요.

재료

· 파스타면 1컵

· 닭가슴살 150g

· 다진 양파 1/4컵

· 다진 당근 · 샐러리
  1/4컵씩

· 치킨브로스 4컵

· 다진 파슬리 1작은술

· 다진 마늘 1작은술

· 올리브오일 1작은술

만드는 방법

1. 닭가슴살은 한입 크기로 썬다.
2. 달군 팬에 올리브오일을 두르고, 양파와 다진 마늘을 넣는다.
   알싸한 향이 올라오면 닭가슴살을 넣고 볶는다.
3. 닭가슴살의 겉면이 하얗게 익으면 당근과 샐러리, 치킨브로스,
   파슬리를 넣고 끓인다. 중간중간 생기는 거품을 걷어낸다.
4. 국물이 끓어 오르면 파스타면을 넣고 8~10분간 끓인다.

크림치킨누들수프

치킨누들수프와는 또 다른 매력을 지닌 크리미하고 고소한 맛의 수프예요. 닭가슴살과 치킨을 다 먹고 남은 수프에 빵을 적셔 먹어도 맛이 정말 훌륭하답니다. 걸쭉한 수프와 빵의 조화가 환상적 이에요!

재료

· 파스타면 1컵

· 닭가슴살 200g

· 다진 양파 · 당근 · 샐러리
  1/2컵씩

· 버터 1큰술

· 치킨브로스 3컵

· 다진 파슬리 1큰술

· 다진 마늘 1작은술

크림소스 재료

· 버터 2큰술

· 우유 1컵

· 밀가루 2큰술

만드는 방법

1. 닭가슴살은 한입 크기로 썬다.

2. 냄비에 버터를 녹이고, 양파와 다진 마늘을 넣는다. 알싸한 향이 올라오면 닭가슴살을 넣고 볶는다.

3. 닭가슴살의 겉면이 하얗게 익으면 당근과 샐러리를 넣는다.

4. 치킨브로스를 붓고, 국물이 끓어 오르면 파스타면을 넣어 8~10분간 끓인다.

5. 다른 냄비에 크림소스 재료의 버터를 녹이고, 밀가루를 넣는다. 덩어리지지 않게 섞은 다음 걸쭉해지면 우유를 붓고 저어가며 크림소스를 만든다.

6. 크림소스가 죽처럼 변하면 ③에 부어 섞고, 5분간 끓인 후 파슬리를 넣고 불을 끈다.

시금치리코타치즈라비올리

시금치와 리코타치즈로 속을 꽉꽉 채운 라비올리예요. 모양이 만두와 참 비슷하죠? 라비올리는 속재료를 무궁무진하게 응용할 수 있고, 입에 쏙 넣는 것만으로도 다양한 영양소를 한꺼번에 섭취할 수 있는 효자 메뉴랍니다.

재료

· 만두피 15~20장

· 시금치 잎부분 1줌(80g)

· 리코타치즈 1/2컵

· 슈레드 파마산치즈 약간

· 올리브오일 약간

만드는 방법

1. 팬에 올리브오일을 두르고, 시금치를 숨이 죽을 때까지 볶은 뒤 잘게 썬다.

2. 볼에 시금치와 리코타치즈를 넣고 섞어 속재료를 만든다.

3. 만두피에 속재료를 적당량 떠서 올리고 오므린다. 포크로 가장 자리를 꾹꾹 눌러 라비올리를 만든다.

4. 끓는 물에 라비올리를 넣고 2분 정도 삶는다. 접시에 담고 슈레드 파마산치즈와 올리브오일을 뿌린다.

엘리's Tip ※ 크림소스(248쪽-연어크림파스타), 단호박크림소스(164쪽-단호박 맥앤치즈), 토마토소스(199쪽-볼로네즈미트스파게티소스)에 버무 려 먹어도 맛있어요.

※ 크림소스나 스파게티소스에 버무린 후 모짜렐라치즈를 올려 오븐 (에어프라이어)에서 녹여서 먹어도 좋아요.

연어크림파스타

오메가-3와 단백질 함량이 높은 연어. 구워주기도 하고, 너겟으로 만들어 먹이기도 하지만 생선 특유의 비린내가 없어서 크림파스타로 만들면 기가 막히게 맛있답니다. 생선을 좋아하지 않는 아이들도 정말 잘 먹어요.

재료

· 파스타면 1/2컵

· 연어필레 2개

· 다진 양파 1/2컵

· 완두콩 1/4컵

· 버터 1큰술

· 파마산치즈가루 1/4컵

· 생크림 1/2컵

· 후추 1꼬집

만드는 방법

1. 냄비에 물을 붓고 끓기 시작하면 파스타면을 넣어 8~10분간 삶은 뒤 물을 따라 버린다.

2. 달군 팬에 버터를 녹이고, 양파를 넣어 볶다가 투명해지면 연어필레를 넣고 앞뒤로 익힌다.

3. 익은 연어필레를 잘게 부수고, 파마산치즈가루와 생크림을 넣어 끓인다.

4. 파스타면과 완두콩, 후추를 넣고 저으며 끓이다가 걸쭉해지면 불을 끈다.

갈릭버터새우스캠피스파게티

하와이에서 시작되어 유명해진 쉬림프스캠피를 스파게티로 응용한 레시피입니다. 버터와 다진 마늘, 레몬즙의 조화가 환상적이에요! 재료와 조리 과정은 간단하고, 탄수화물과 단백질을 한꺼번에 섭취할 수 있는 든든한 메뉴랍니다.

재료

· 스파게티면 100g

· 새우(중간 사이즈) 2컵

· 다진 양파 1/4컵

· 버터 2큰술

· 레몬즙 2큰술

· 다진 파슬리 1큰술

· 다진 마늘 1큰술

만드는 방법

1. 냄비에 물을 붓고 끓기 시작하면 스파게티면을 넣어 8~10분간 삶은 뒤 물을 따라 버린다.

2. 새우는 잘게 썬다.

3. 달군 팬에 버터를 녹이고, 양파와 다진 마늘을 넣고 볶는다. 양파가 투명해지면 새우와 레몬즙, 파슬리를 넣고 볶는다.

4. 새우가 붉은색으로 변하면 삶은 스타게티면을 넣고 재빨리 버무린 후 불을 끈다.

엘리's Tip

※ 소금을 1~2꼬집 넣으면 더욱 맛있어요.

※ 소금과 페퍼론치노를 추가하면 엄마아빠에게도 좋은 한끼 식사가 돼요.

소시지쏙쏙스파게티

소시지만 골라 먹거나 스파게티면만 골라 먹는 아이들의 편식 습관을 잡기가 정말 힘들죠? 그럴 땐 소시지쏙쏙스파게티를 만들어보세요. 포크 사용이 서툴러서 스파게티를 먹기 힘든 아이들도 혼자서 잘 먹어요. 스파게티면이 소시지에 콕콕 박혀 있어 남김없이 먹게 된답니다.

재료

· 스파게티면 30g

· 소시지 10개

· 다진 당근 · 양파 2큰술씩

· 다진 노랑 · 초록 피망
  1큰술씩

· 토마토소스 1/2컵

· 메이플시럽 1큰술

만드는 방법

1. 스파게티면은 반으로 잘라 소시지에 끼운다.

2. 냄비에 물을 붓고 끓기 시작하면 소시지를 넣어 8~10분간 삶은 뒤 물을 따라 버린다.

3. 중간 불로 달군 팬에 소시지와 토마토소스, 모든 채소, 메이플시럽을 넣고 볶는다.

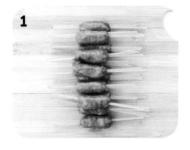

엘리's Tip

* 소시지 하나를 그대로 사용해도 좋고, 아이들이 먹기 좋게 소시지를 잘라서 요리해도 좋아요.

* 토마토소스가 없으면 볼로네즈미트스파게티소스(198쪽)를 사용해요.

* 입맛에 따라 좋아하는 채소를 추가해요.

가지볼로네즈스파게티

식이섬유와 비타민 C 함량이 높은 가지는 물컹물컹한 식감 때문에 아이들이 뱉어내기 쉬운 식재료예요. 하지만 가지로 스파게티소스를 만들면 특유의 식감을 느낄 수 없어서 듬뿍 먹일 수 있답니다. 한번 도전해보세요!

재료

· 스파게티면 100g

· 토마토 3개(400g)

· 깍둑 썬 양파 · 당근
　1/4컵씩

· 가지 1개

· 토마토소스 2/3컵

· 아가베시럽 1큰술

· 식초 1큰술

· 다진 마늘 1작은술

· 올리브오일 약간

만드는 방법

1. 냄비에 물을 붓고 끓기 시작하면 스파게티면을 넣어 8~10분간 삶은 뒤 물을 따라 버린다.

2. 토마토의 꼭지를 떼고 아래쪽에 십자로 칼집을 낸 다음 끓는 물에 30초간 데친다. 찬물에 헹군 뒤 껍질을 벗긴다.

3. 블렌더에 데친 토마토를 넣고 갈아 토마토퓨레를 만든다.

4. 가지는 잘게 깍둑썬다.

5. 팬에 올리브오일을 두르고 양파와 당근, 가지, 다진 마늘을 넣는다. 양파가 투명해질 때까지 볶다가 토마토퓨레와 토마토소스를 넣고 볶는다.

6. 끓기 시작하면 아가베시럽과 식초를 넣고 섞어 가지볼로네즈소스를 만든다.

7. 접시에 삶은 스파게티면을 담고, 가지볼로네즈소스를 얹는다.

Part 6
아이가 좋아하는
달콤한 간식

치즈크래커

고소한 맛과 바삭바삭한 식감 덕분에 아이들이 너무나 좋아하는 크래커를 소개합니다. 체다치즈의 노란 빛깔이 크래커를 더욱 먹음직스럽게 만들죠? 도시락에 넣어주면 항상 빈 통으로 돌아올 정도로 인기 만점인 간식이에요.

재료

· 슈레드 체다치즈 1/2컵

· 버터 2큰술

· 쌀가루(또는 밀가루)
  1/2컵

· 물 1큰술

만드는 방법

1. 블렌더에 모든 재료를 넣고 간다.

2. 볼에 ①을 넣고 치대며 한 덩어리로 만들어 반죽을 완성한다. 냉장고에 넣어 20분간 둔다.

3. 밀대로 반죽을 0.3cm의 두께로 밀고, 모양 커터로 찍어낸다.

4. 175도로 예열한 오븐에서 15분간 굽는다.

엘리's Tip

＊ 버터는 냉장고에서 바로 꺼내 차가운 상태로 요리해요.

＊ 모양 커터로 찍어낸 반죽을 바로 떼어내면 찌그러지기 쉬워요. 반죽을 모양낸 다음 통채로 냉동실에 5분간 넣었다 꺼내서 차가워졌을 때 모양낸 부분을 떼어내면 예쁜 모양으로 똑 떨어져요.

아마씨스틱쿠키

다양한 향신료의 풍미가 어우러져 한 번 먹기 시작하면 자꾸 손이 가는 스틱쿠키! 오메가-3와 단
백질이 풍부한 검정색 씨앗 아마씨로 만들었어요. 바삭바삭한 식감에 길쭉한 모양이라 이유식을
하는 아기들도 손으로 잡고 오물오물 먹기 좋답니다.

재료

· 아마씨(또는 검정깨)

　1/4컵

· 녹인 버터 2큰술

· 우유 3큰술

· 쌀가루 3/4컵

· 베이킹파우더 1작은술

· 갈릭파우더 1/2작은술

· 어니언파우더 1작은술

· 오레가노파우더

　1/4작은술

만드는 방법

1. 볼에 쌀가루와 베이킹파우더, 갈릭파우더, 어니언파우더, 오레가노파우더를 넣고 골고루 섞는다.

2. 나머지 재료들을 모두 넣고 뭉쳐서 반죽을 만든다.

3. 밀대로 반죽을 최대한 얇게 밀고, 칼이나 피자 커터로 길게 칼집을 낸다.

4. 190도로 예열한 오븐에서 12~13분간 굽는다.

1

2

3
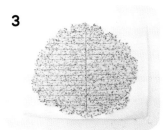

엘리's Tip

＊ 유산지 위에 반죽을 올리고, 그 위에 다시 유산지를 덮은 뒤 밀대로 밀면 반죽이 밀대에 달라붙지 않아요.

＊ 오븐에서 갓 꺼낸 스틱쿠키는 부스러지기 쉬워요. 완전히 식힌 다음 서로 조심스레 떼어내야 부서지지 않고 스틱 모양이 돼요.

＊ 쌀가루가 너무 건조하면 반죽이 뭉치지 않고 부스러질 수 있어요. 그럴 땐 우유를 1~2큰술 추가해서 반죽해요.

아몬드쿠키

아몬드에는 비타민 E, 마그네슘, 칼슘 등 아이들의 성장을 돕는 영양소가 골고루 함유되어 있어요. 아몬드가루를 듬뿍 넣어 만든 아몬드쿠키는 맛도 영양도 잡은 엄지 척 간식이에요. 밀가루를 사용하지 않은 글루텐 프리 간식을 만들어보세요.

재료

· 달걀 1개

· 메이플시럽 3큰술

· 코코넛오일 1큰술

· 아몬드가루 2컵

만드는 방법

1. 볼에 모든 재료를 넣고 골고루 섞어 반죽을 만든다.

2. 유산지를 깐 오븐 팬에 반죽을 1큰술씩 동그랗게 빚어 올린 후 손바닥이나 누르개로 납작하게 누른다.

3. 180도로 예열한 오븐에서 10~12분간 굽는다.

1  **2**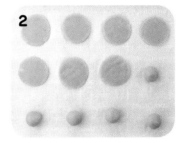

엘리's Tip * 아몬드슬라이스나 코코넛채를 반죽 위에 올려서 구우면 더욱 고소해요.

피넛버터바나나쿠키

단백질이 듬뿍 들어 있는 피넛버터로 만든 쿠키예요. 음식 거부가 심하고 잘 안 먹는 아이도 고소하고 달콤한 피넛버터와 부드러운 바나나가 어우러진 쿠키라면 잘 먹을 거예요. 단백질 섭취 걱정도 덜어낼 수 있고요.

재료

· 바나나 1개

· 피넛버터 1/2컵

· 아몬드가루 3큰술

· 베이킹파우더 1작은술

만드는 방법

1. 볼에 껍질을 깐 바나나를 넣고 포크로 으깬다.

2. 아몬드가루와 베이킹파우더를 골고루 섞은 후 볼에 넣는다. 피넛 버터를 넣고 섞어 반죽을 만든다.

3. 유산지를 깐 오븐 팬에 반죽을 1큰술씩 올린 후 손바닥이나 누르개로 납작하게 누른다.

4. 175도로 예열한 오븐에서 14~16분간 굽는다.

2  3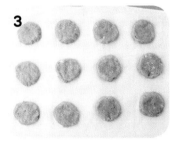

엘리's Tip ✳ 아몬드가루 대신 쌀가루나 밀가루를 사용해도 좋아요.

고구마쿠키

김이 모락모락 나는 삶은 고구마나 군고구마는 그 자체로도 완벽한 간식이지만 쿠키에 넣은 고
구마도 아이들이 참 좋아해요. 시나몬 향이 솔솔 풍겨오는 고구마쿠키는 오븐에서 꺼내기 무섭게
사라진답니다.

재료

· 으깬 고구마 1/2컵

· 녹인 버터 3큰술

· 메이플시럽 2큰술

· 밀가루 1컵

· 베이킹파우더 1/2작은술

· 시나몬파우더 1/2작은술

만드는 방법

1. 볼에 모든 재료를 넣고 가루가 보이지 않을 정도로 섞는다.

2. 한 덩어리가 될 때까지 뭉쳐 반죽을 완성한다.

3. 밀대로 반죽을 얇게 밀고, 모양 커터로 찍어낸다.

4. 190도로 예열한 오븐에서 10분~12분간 굽는다.

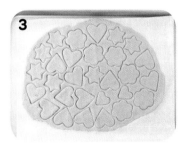

＊ 고구마 대신 단호박을 넣으면 단호박쿠키가 돼요.

＊ 녹인 버터 대신 코코넛오일을 넣어도 맛있어요.

오트밀카라멜쿠키

오트의 테두리 모양이 마치 레이스를 두른 것처럼 예쁘죠? 테두리는 달콤하고 바삭바삭한 식감이 돋보이고, 안쪽은 쫀득쫀득한 식감이 살아 있는 쿠키예요. 버터와 메이플시럽으로 만든 카라멜 향이 일품이랍니다.

재료

· 롤드 오트 1/2컵

· 달걀 1개

· 버터 2큰술

· 메이플시럽 2큰술

· 밀가루 1큰술

· 바닐라 익스트랙
  1/2작은술

만드는 방법

1. 중간 불로 달군 냄비에 버터를 녹이고, 메이플시럽을 넣는다. 끓기 시작하면 1분간 바글바글 끓인 뒤 불을 끄고 식힌다.

2. 냄비에 나머지 재료를 모두 넣고 골고루 섞어 반죽을 만든다.

3. 유산지를 깐 오븐 팬에 반죽을 1큰술씩 올린 후 숟가락의 뒷면으로 최대한 납작하고 평평하게 펼친다.

4. 190도로 예열한 오븐에서 테두리가 바삭해질 때까지 9~11분간 굽는다.

1

2-1

2-2

3
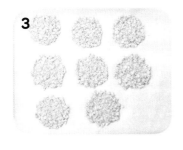

엘리's Tip

∗ 타기 쉬우므로 중간중간 살펴보며 조리 시간을 조절해요.

∗ 오븐에서 나온 직후에는 쿠키 모양이 흐트러지기 쉬우므로 충분히 식힌 후 유산지에서 떼어내요.

츄러스

늘 건강한 음식만 먹이고 싶은 게 엄마의 마음이지만 아이들은 달콤한 간식을 먹고 싶어 하죠. 잘 안 먹는 아이들에게는 때로 건강한 음식보다 잘 먹는 음식을 원하는 만큼 먹이는 게 더 중요해요. 달달한 엄마표 홈메이드 츄러스로 아이들에게 하루쯤은 치팅 데이를 허락해주세요.

재료

· 달걀 1개
· 버터 2큰술
· 밀가루 1/3컵
· 설탕 1작은술
· 물 1/3컵
· 식용유 1컵

설탕옷 재료

· 설탕 2큰술
· 시나몬파우더 1/2작은술

만드는 방법

1. 냄비에 물과 버터, 설탕을 넣고 중간 불에서 설탕이 녹을 때까지 젓는다.

2. 끓기 시작하면 밀가루를 넣고 1~2분 정도 저으며 익히고, 한 덩어리로 뭉쳐지면 불을 끄고 한김 식힌다.

3. 달걀을 넣고 잘 섞일 때까지 주걱으로 치대며 반죽을 만든다.

4. 짤주머니에 별 모양 깍지를 끼우고 반죽을 담는다.

5. 오목한 팬에 식용유를 붓고 달군 다음 반죽을 3~5cm 길이로 짜서 노릇노릇하게 튀긴다.

6. 접시에 설탕옷 재료를 모두 담고 섞은 뒤 튀겨낸 반죽을 가볍게 굴린다.

단호박파이

냉동 파이생지를 이용하면 복잡하고 어려워 보이는 파이를 만드는 과정이 훨씬 쉽고 빨라져요. 으깬 단호박만 있으면 단호박파이를 뚝딱 완성할 수 있답니다. 단호박 대신 고구마, 사과 등을 속 재료로 활용해 다양한 맛의 파이를 만들어보세요.

재료

· 냉동 파이생지 1장

· 달걀 1개

· 으깬 단호박 1/2컵

· 메이플시럽 1큰술

· 아몬드가루 2큰술

· 시나몬파우더 1/2작은술

만드는 방법

1. 볼에 으깬 단호박과 메이플시럽, 아몬드가루, 시나몬파우더를 넣고 골고루 섞어 단호박필링을 만든다.

2. 다른 볼에 달걀을 넣고 잘 풀어 달걀물을 만든다.

3. 파이생지를 모양 커터로 잘라낸다.

4. 절반 분량의 파이생지에 단호박 필링을 적당량 올리고, 가장자리에 달걀물을 바른다. 나머지 파이생지를 덮고, 포크로 가장자리를 꾹꾹 누른다.

5. 175도로 예열한 오븐에서 20~22분간 굽는다.

1

3
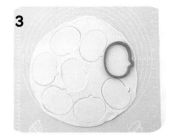

4

5
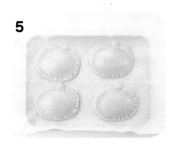

 엘리's Tip

＊ 파이생지가 없으면 테두리를 잘라낸 식빵을 밀대로 밀어서 사용해요. 식빵은 한 번 구워진 상태여서 파이생지보다 굽는 시간이 짧아요. 중간중간 살펴보며 조리 시간을 조절합니다. 식빵으로 만든 파이는 팬에 겉면이 노릇해질 정도로 굽기를 추천해요.

＊ 에어프라이어로 요리할 때는 160도에서 15~18분 정도 구워요.

초콜릿치아씨푸딩

수분을 머금으면 젤리처럼 몽글몽글한 식감으로 변하는 치아씨의 성질을 이용해 만든 푸딩이예요. 무가당 코코아파우더를 넣어 아이들이 좋아하는 초콜릿 맛을 냈답니다. 입 안에서 톡톡 터지는 재미까지 더해져 아이들이 정말 잘 먹는 간식이 될 거예요.

재료

· 치아씨 1/4컵

· 우유 1컵

· 피넛버터
  (또는 아몬드버터) 2큰술

· 메이플시럽 1큰술

· 무가당 코코아파우더
  2큰술

만드는 방법

1. 볼에 모든 재료를 넣고 피넛버터가 덩어리지지 않도록 잘 풀면서 섞는다.

2. 유리컵이나 작은 그릇에 ①을 부은 뒤 냉장실에 넣어 6시간 이상 굳힌다.

1

2

엘리's Tip
  * 치아씨의 식감에 익숙하지 않으면 냉장실에 넣고 2시간 정도 보관한 다음 블렌더로 갈아서 퓨레 상태로 만들어요. 그다음 다시 냉장실에 넣고 4시간 이상 보관한 뒤 스무디처럼 먹어요.
  * 아주 작은 얼음 틀에 얼려서 초콜릿아이스크림으로 소개하면 새로운 음식에 대한 거부가 심한 아이들도 잘 먹어요.

사과도넛

아이들이 좋아하는 도넛을 선뜻 먹이기 꺼려질 때 대신 만들어주기 좋은 간식을 소개합니다. 홈메이드 초콜릿치아씨푸딩과 라즈베리잼을 활용해 사과를 다채로운 색깔과 맛의 도넛으로 변신시켜요. 스프링클도 잊지 말고 톡! 톡! 뿌려주세요.

재료

· 사과 1개
· 초콜릿치아씨푸딩
  1큰술(274쪽)
· 크림치즈 1큰술
· 그릭요거트 1큰술
· 홈메이드 라즈베리잼
  1큰술(56쪽)
· 생과일 · 스프링클 약간씩

만드는 방법

1. 사과는 가로로 얇게 썬다. 모양 커터로 가운데를 찍어내 심과 씨를 제거하고 도넛 모양으로 만든다.

2. 도넛 모양의 사과 위에 초콜릿치아씨푸딩과 크림치즈, 그릭요거트, 홈메이드 라즈베리잼을 바르고 스프링클과 생과일로 장식한다.

생과일젤리

아이들은 탱글탱글한 식감의 젤리를 정말 좋아하지요? 생과일로 만들어서 안심하고 먹일 수 있는
젤리 레시피를 소개할게요. 입에 넣고 오물오물 하면 사르르 으스러져서 목에 걸릴 위험이 없는
안전한 간식이랍니다.

재료

· 딸기 1컵

· 메이플시럽 1큰술

· 레몬즙 1큰술

· 젤라틴가루 1큰술

· 찬물 2큰술

만드는 방법

1. 블렌더에 꼭지를 제거한 딸기와 메이플시럽을 넣고 갈아 딸기 퓨레를 만든다.

2. 볼에 찬물을 붓고, 젤라틴가루를 넣어 잘 풀어준다.

3. 냄비에 딸기퓨레를 넣고, 끓기 시작하면 ②와 레몬즙을 넣는다. 덩어리지지 않도록 저으며 섞은 뒤 불을 끈다.

4. 식기 전에 실리콘 틀에 붓고, 냉동실에 넣어 굳힌다.

엘리's Tip

* 좋아하는 과일로 다양한 젤리를 만들어요.

* 모양이 망가지기 쉬우니 냉동실에서 완전히 굳힌 다음에 젤리를 틀에서 꺼내요. 젤리를 오래 두고 먹으려면 냉장실에 넣어 보관해요.

수박바

모양도 맛도 진짜 수박같은 수박바를 만들어요! 재료를 갈아서 얼리기만 하면 완성돼요. 첨가물이 하나도 들어가지 않은 엄마가 직접 만든 건강한 수박바입니다. 생과일과 요거트가 주재료라 안심하고 먹일 수 있어요.

재료

· 수박 붉은 부분 2컵

· 키위 2개

· 그릭요거트 1/2컵

· 메이플시럽 1큰술

만드는 방법

1. 블렌더에 수박 붉은 부분과 메이플시럽을 넣고 갈아 수박주스를 만든다.

2. 수박주스를 아이스크림 틀의 2/3 높이까지 붓고 냉동실에 넣어 2~3시간 얼린다.

3. 살짝 언 수박주스 위에 그릭요거트를 1큰술씩 얹고 아이스크림 막대를 끼운다. 다시 냉동실에 넣어 2시간 이상 얼린다.

4. 키위는 껍질을 썰어낸다.

5. 블렌더에 키위를 넣고 갈아서 그릭요거트 위에 올리고, 냉동실에 넣어 완전히 얼린다.

1    **2**    **3**

5

엘리's Tip

✳ 색깔별로 재료를 따로 부어서 얼려야 모양이 예뻐져요. 순서대로 재료를 얼린 뒤 다음 재료를 부어요.

✳ 수박주스를 너무 오래 얼리면 아이스크림 막대가 들어가지 않으니 2~3시간 정도만 살짝 얼려요.

요거트멜트

요거트 종류는 아예 쳐다보지도 않던 첫째아이를 위해 연구한 요거트 간식 레시피를 소개합니다. 작은 사이즈의 얼음 틀에 생과일을 더한 요거트를 얼려보세요. 입에 넣으면 사르르 녹는 요거트 멜트는 유제품을 잘 안 먹는 아이들도 거부감 없이 도전하기 좋답니다.

재료

· 바나나 1개

· 냉동 망고 1/2컵

· 냉동 딸기 1/2컵

· 그릭요거트 1컵

만드는 방법

1. 바나나와 그릭요거트는 절반으로 나눈다.

2. 블렌더에 절반 분량의 바나나와 그릭요거트, 냉동 망고를 넣고 간다.

3. 나머지 분량의 바나나와 그릭요거트, 냉동 딸기도 간다.

4. ②와 ③을 각각 작은 얼음 틀에 붓고, 냉동실에 넣어 6시간 이상 얼린다.

2

4

후르츠아이스크림

사과주스만 있으면 뚝딱 완성되는 아이스크림이에요! 알록달록한 색깔과 생과일이 보석처럼 예쁘게 담긴 모양 덕분에 아이들이 정말정말 좋아한답니다. 제철 과일이나 집에 있는 과일을 다양하게 활용해보세요.

재료

· 오렌지 · 딸기 · 키위 · 망고 ·
  블루베리 약간씩
· 사과주스 2컵

만드는 방법

1. 과일은 편으로 썰거나 모양 커터를 이용해 아이가 좋아하는 모양으로 자른다.
2. 자른 과일을 아이스크림 틀의 가장자리 쪽에 붙이듯 담는다.
3. 아이스크림 틀에 사과주스를 붓고 아이스크림 막대를 끼운다. 냉동실에 넣어 6시간 이상 얼린다.

1

2

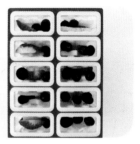

3

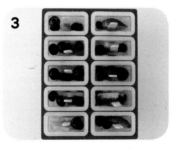

피냐콜라다아이스크림

파인애플과 코코넛밀크가 뭉치면 환상의 궁합을 자랑하는 맛이 나죠. 파인애플의 상큼함에 반하고, 코코넛밀크의 부드러움에 한 번 더 반하는 피냐콜라다아이스크림! 아이들의 입맛도 사로잡을 거예요.

재료

· 잘게 썬 파인애플 2컵

· 코코넛밀크 1/4컵

· 메이플시럽 1큰술

만드는 방법

1. 블렌더에 재료를 모두 넣고 갈아 파인애플주스를 만든다.

2. 아이스크림 틀에 파인애플주스를 붓고 아이스크림 막대를 끼운다. 냉동실에 넣어 6시간 이상 얼린다.

엘리's Tip ＊ 파인애플 대신 망고를 넣으면 망고코코넛아이스크림이 돼요.

빨강 베리비트스무디

새콤한 딸기와 라즈베리, 은은한 단맛을 자랑하는 비트가 만나 빨강 베리비트스무디가 되었어요!
출출한 속을 달래주는 간식으로 주어도 좋고, 비타민과 식이섬유 등을 한꺼번에 섭취하기 위한
건강식으로 주어도 좋아요.

재료

· 비트 1/3컵

· 딸기 1/3컵

· 바나나 1/2개

· 라즈베리 1/3컵

· 우유 1/2컵

· 그릭요거트

　(또는 플레인요거트)

　1/4컵

만드는 방법

비트와 딸기, 바나나는 잘게 썰고 나머지 재료와 모두 블랜더에 넣어 간다.

엘리's Tip
＊ 비트는 삶거나 쪄서 사용하면 훨씬 더 달콤해져요.
＊ 비트 대신 블루베리를 넣어도 좋아요.
＊ 베리류나 바나나는 얼려서 사용하면 스무디의 식감을 더욱 잘 살릴
　수 있어요.

주황 당근딸기오렌지스무디

상큼함이 톡톡 튀는 강렬한 주황색 컬러가 시선을 빼앗죠? 평소에 당근을 싫어해서 안 먹는 아이들도 꿀꺽꿀꺽 잘 마셔줄 거예요. 오렌지주스를 그냥 마시기에 뭔가 부족했다면 당근과 딸기를 더해 스무디로 만들어보세요.

재료

· 당근 1개

· 오렌지 2개

· 냉동 딸기 1/2컵

만드는 방법

당근은 잘게 썰고, 오렌지는 스퀴저로 과즙을 낸 뒤 나머지 재료와 모두 블랜더에 넣어 간다.

엘리's Tip ✱ 생오렌지 대신 오렌지주스를 1컵 넣어도 맛있어요.

노랑 피냐콜라다스무디

햇살이 쨍쨍하게 내려쬐는 열대 지방이 떠오르는 피냐콜라다스무디예요. 코코넛밀크와 바닐라요거트가 어우러져 평범한 재료가 특별한 맛의 스무디로 변신했어요. 오늘은 아이들에게 색다른 스무디를 만들어주는 건 어떨까요?

재료

· 잘게 썬 파인애플 1컵

· 냉동 바나나 1개

· 코코넛밀크 1/2컵

· 바닐라요거트 1/4컵

만드는 방법

냉동 바나나는 잘게 썰고 나머지 재료와 모두 블랜더에 넣어 간다.

엘리's Tip
* 피냐콜라다의 맛을 살리려면 코코넛밀크를 넣어야 하지만 우유를 사용해도 괜찮아요.
* 바닐라요거트 대신 그릭요거트나 플레인요거트를 넣어도 맛있어요.

초록 시금치트로피컬스무디

보기만 해도 풋풋하고 떫은 맛이 떠오르는 초록색 채소! 하지만 파인애플과 망고, 바나나로 상큼함과 달콤함을 더했어요. 채소를 싫어하는 아이들도 한입 마셔보면 맛있다고 칭찬을 아끼지 않을 거예요.

재료

· 잘게 썬 파인애플 1/4컵

· 잘게 썬 망고 1/4컵

· 냉동 바나나 1/2개

· 시금치 잎부분 50g

· 우유 1/2컵

만드는 방법

냉동 바나나는 잘게 썰고 나머지 재료와 모두 블랜더에 넣어 간다.

엘리's Tip   * 우유 대신 두유나 코코넛밀크, 아몬드밀크를 넣어도 고소해요.

보라 블루베리바나나스무디

세계 10대 슈퍼푸드로 손꼽히지만 블루베리를 한꺼번에 많이 먹기에는 부담스러울 때가 있죠? 그럴 때 한 번쯤 시도해볼 만한 스무디예요. 눈의 피로를 덜어주고 면역력을 높여주는 블루베리의 영양을 스무디 한 컵에 담아내보세요.

재료

· 바나나 1/2개

· 냉동 블루베리 3/4컵

· 우유 1/2컵

· 그릭요거트 1/4컵

만드는 방법

바나나는 잘게 썰고 나머지 재료와 모두 블랜더에 넣어 간다.

엘리's Tip   * 그릭요거트 대신 플레인요거트를 넣어도 좋아요.

Index

안 먹는 아이도 바쁜 엄마도 반한
엘리네 미국 유아식

초판 1쇄 발행 2020년 5월 25일
6쇄 발행 2022년 9월 1일

지은이 스마일 엘리
펴낸이 오세인 | 펴낸곳 세종서적(주)

주간 정소연 | 기획 이민애 | 편집 장여진 김보란 | 디자인 Heeya
마케팅 임종호 | 경영지원 홍성우
인쇄 천광인쇄 | 종이 화인페이퍼

출판등록 1992년 3월 4일 제4-172호
주소 서울시 광진구 천호대로132길 15, 세종 SMS 빌딩 3층
전화 경영지원 (02)778-4179, 마케팅 (02)775-7011 | 팩스 (02)776-4013
홈페이지 www.sejongbooks.co.kr | 네이버 포스트 post.naver.com/sejongbook
페이스북 www.facebook.com/sejongbooks | 원고 모집 sejong.edit@gmail.com

ISBN 978-89-8407-791-1 13590